# 每天 3 分钟 学会数理化

## 366 个故事培养孩子的理科思维

**7~9 月**

[日] 小森荣治 主编　肖潇 译

北京联合出版公司
Beijing United Publishing Co.,Ltd.

· 后音

# 目 录

# 目 录

# 7 月故事

# 富士山也会喷发吗？

地球

大地

### 曾经发生过大规模火山喷发

被列入世界遗产名录的日本最高山富士山，是一座曾经发生过数次大规模喷发的火山。

富士山规模最大的两次喷发分别发生在864年和1707年。

在864年发生的火山喷发中，富士山喷出的大量熔岩（熔化后呈黏稠状的岩石）冷却变硬后，上面长出了茂盛的树木，成了现在的"青木原树海"。在1707年的火山喷发中，火山灰甚至飘到了江户（现在的东京都）地区，给农作物造成了巨大的损害。

### 富士山的下面有岩浆

从那以后，虽然富士山再没发生过喷发，但是时至今日，其地下深处依然处于不断活动的状态。

其实，导致火山喷发的原因与覆盖在地球表面的板块（→p.168）有着密切的联系。

板块发生沉降后，海底岩石等处的水分会从叫作"地幔"的岩石层中渗出。这种水分使得容易熔化的岩石变成"岩浆"。由于温度较高的岩浆比周围的岩石重量轻，会不断上升，且岩浆中的气体产生气泡会向外喷发，于是就形成了火山喷发（涌出地面的岩浆被称为熔岩）。试着想象一下，把碳酸饮料摇晃后再打开时，饮料大量喷出的情景，就不难理解了。

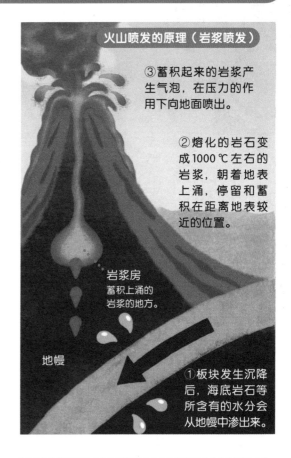

**火山喷发的原理（岩浆喷发）**

③蓄积起来的岩浆产生气泡，在压力的作用下向地面喷出。

②熔化的岩石变成1000℃左右的岩浆，朝着地表上涌，停留和蓄积在距离地表较近的位置。

岩浆房
蓄积上涌的岩浆的地方。

地幔

①板块发生沉降后，海底岩石等所含有的水分会从地幔中渗出来。

在富士山的地下，一直积蓄着不断上涌的岩浆，或许在未来的某一天，富士山会再次喷发。

**要点在这里！**
富士山的地下一直存在高温的岩浆，在未来或许还会再次喷发。

一根

第207页问题答案

**小测验**　富士山距离现在最近的一次大规模喷发，发生在哪一年？

# 复印机的工作原理是什么？

阅读日期（　年　月　日）（　年　月　日）（　年　月　日）

**复印机的工作原理**

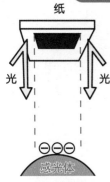

①感光体被光照射后，照射到的地方静电消失。

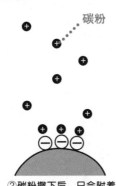

②碳粉撒下后，只会附着在带有负电静电的地方。

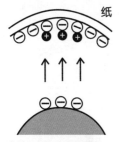

③带负电的纸转印碳粉。

④利用热量使碳粉牢固地附着在纸上。

＊根据具体型号不同，也有带正电的感光体。

**要点在这里！**

复印件利用静电，使一种叫作碳粉的粉末附着在纸上，以实现文字转印。

## 利用静电

利用复印机，人们可以很快复印出大量相同的文字和图案。

复印机的秘密就藏在"静电"（→p.73）里。静电就是我们用梳子梳头发时，导致头发吸在梳子上的电。用梳子梳头发时，头发带正电，而梳子上蓄积了带负电的静电，因此，头发会吸在梳子上。

那么，静电是如何被用在复印机上的呢？

## 利用静电转印文字

在复印机内部，有一个带膜、筒状、带有负电静电的"感光体＊"零件。将需要复印的原件放好后按动开关，光会照在纸上，然后反射光会照到感光体上。此时，由于纸上印有文字或图片的部分不会发生光的反射，只有空白部分反射的光照在感光体上。感光体具有在较暗的区域静电蓄积，较亮的区域静电流失的性质。因此，只在有文字和图案的区域残留了带负电的静电。

接下来，会有一种带正电静电的黑色粉末——"碳粉"接近感光体。这样一来，只有带负电的文字和图案部分会吸附碳粉。这些碳粉被转印到带负电的白纸上，利用热量使其牢固地附着在纸上，即可完成复印。

物质的作用 电

第212页问题答案

1707年

# 温度计为什么能用来测温度？

物体的性质

变化

## 金属会伸缩

测量室内温度时用到的"温度计"，只要静静地放在那里，就能测量出温度来，这似乎很神奇。

测室温的温度计分为利用指针移动来显示温度的"双金属式温度计"和利用玻璃管内的液体上下浮动来显示温度的"玻璃液体温度计"。我们首先来看一看双金属式温度计。

双金属式温度计的指针被安装在螺旋状的金属片上，金属具有随温度变化而发生伸缩的性质，每种金属的伸缩程度各不相同。

安装了指针的螺旋状金属片由两片伸缩程度不同的金属片贴合而成。这样一来，即便在相同的温度下，也会由于存在伸展幅度较大的金属和伸展幅度较小的金属，使螺旋状金属片发生转动。这种转动令指针产生活动，从而实现测温。

玻璃液体温度计

```
°C
50
40
30
20
10
0
-10
-20
-30
```

染了色的煤油发生膨胀

双金属式温度计

指针

螺旋状的
金属片

伸展幅度
较大

伸展幅度
较小

## 液体会膨胀

那么，玻璃液体温度计的工作原理又是什么样的呢？大家经常看到的玻璃液体温度计中的红色液体是被染成了红色的"煤油"。虽然经常听到有人说里面的液体是"酒精"，但实际上这种说法是错误的。

煤油具有遇热膨胀的性质。虽然液体都具有这种性质，但煤油的膨胀幅度更大，容易看出变化，因此被用于玻璃液体温度计的制造。

感光体

第213页问题答案

> 要点在这里！
>
> 温度计利用金属的伸缩性和液体会膨胀的性质测量温度。

**小测验** 玻璃液体温度计中使用的是什么液体？

# 有很多生物逐渐从地球上消失了！

阅读日期（　　年　　月　　日）（　　年　　月　　日）（　　年　　月　　日）

生命

进化

## 反复出现过几次大灭绝

地球上最早的生命诞生于距今约40亿年前。此外，据说在距今5.42亿年前，动物和植物开始在地球上逐渐繁衍发展。从那以后，地球上的生物经历了五个数量急剧减少，几乎全部灭绝的时期。我们将其称之为"大灭绝"。

导致生物大灭绝的原因有很多。发生在4.43亿年前的第一次大灭绝，主要原因是地球整体温度降低，被冰雪覆盖。

第三次大灭绝发生在2.52亿年前，当时海里的氧含量变得稀薄，使得96%的海洋生物灭绝。目前认为，此次大灭绝的原因是剧烈的火山活动所导致的气候变化。

## 恐龙也灭绝了

发生在6600万年前的第五次大灭绝，使得以恐龙为代表的大量生物灭绝了。

目前认为，此次大灭绝的原因是来自宇宙中的陨石。巨大的陨石撞击地球，卷起的尘土和砂石遮天蔽日，使太阳光无法照到地面上，从而造成气温下降，植物无法生长，导致以植物为食的动物大量死亡，进而导致以食草动物为食的食肉动物死亡。

如上所述，虽然地球上的生物曾经数次陷于危机之中，但并未完全消失。一直都有一部分生物存活下来，使得地球上的生命得以延续。

陨石导致的大灭绝

太阳光

巨大的陨石撞击地球，卷起了尘土和砂石。

飞扬的尘土和砂石使太阳光无法照到地面上，植物无法生长，导致以植物为食的动物死亡，进而使猎食食草动物的食肉动物死亡。

陨石

要点在这里！

在地球的历史上，虽然曾经出现过几次大灭绝，但生物从未完全消失。

煤油

第214页问题答案

小测验　　距今6600万年前发生的大灭绝，以什么动物的灭绝为代表？

物体的
性质

水

### 用于制作爆米花的玉米

你见过爆米花是如何做出来的吗？一开始还是硬硬的黄色玉米粒，加热后就会"砰"的一声炸开，变成白花花、香喷喷的爆米花。

从爆米花的名字就能看出，它的原材料是玉米。但是，这种玉米和我们平时煮着吃或者烤着吃的玉米不太一样。制作爆米花所用的玉米有着比普通玉米更为坚硬的外壳，而它能炸开的秘密也正是藏在坚硬的外壳里。

### 其中含有水分

将用于制作爆米花的玉米放在平底锅中加热，其中柔软的淀粉中所含有的水分会转化为肉眼看不见的水蒸气，发生膨胀。这与年糕的膨胀原理是一样的（→p.18）。但是，用于制作爆米花的玉米并不能像年糕一样柔和地拉伸。因此，其中的水蒸气会持续向外层坚硬的淀粉部分施力，最终导致玉米内部的白色部分露出来，也就变成了我们最终看到的爆米花。

与用于制作爆米花的玉米相比，普通玉米坚硬的淀粉部分较薄，水蒸气可以由此排出。因此，不会产生导致其炸开的巨大力量。

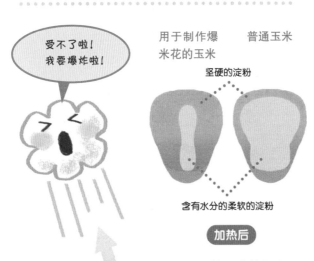

受不了啦！
我要爆炸啦！

用于制作爆
米花的玉米

普通玉米

坚硬的淀粉

含有水分的柔软的淀粉

加热后

水分转化为水蒸气，挤压坚硬的部分。坚硬的部分逐渐无法承受被施加的力。

虽然水分转化成了水蒸气，但其坚硬的部分较薄，水蒸气可以由此排出。

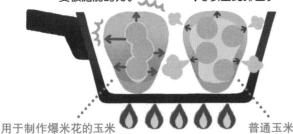

用于制作爆米花的玉米

普通玉米

恐龙

第215页问题答案

**要点在这里！**
膨胀后的水蒸气对坚硬的外壳施加较大的力，使得爆米花炸开。

**小测验**　用于制作爆米花的玉米加热后，其中的水分变成了什么开始膨胀？

# 钢琴和风琴有什么不一样?

## 利用弦的振动发出声音

钢琴和风琴常用于音乐伴奏等场合。二者的共同之处在于,都是利用键盘来演奏的。但是,它们发出声音的原理却截然不同。

在钢琴的键盘深处,有很多像蜘蛛丝一样的金属丝(弦),按动键盘时,一个叫作"音锤"的零件会敲打琴弦发出声音。但此时发出的声音很小,需要通过一个木质的"响板"使声音的振动得以放大。换句话说,钢琴与吉他、小提琴等一样,属于利用弦的振动发出声音的乐器。

## 利用簧的振动发出声音

风琴有很多种,比如簧风琴。弹奏簧风琴时,首先要通过踩下踏板使空气排出,令风琴内部处于没有空气的状态。然后,通过按动键盘,使空气流入,"撞"到位于风琴内部一个叫作"簧"的薄板上。这样一来,就会利用簧的振动发出声音。换句话说,簧风琴与笛子一样,是利用空气的力来发出声音的。

物质的作用
声音

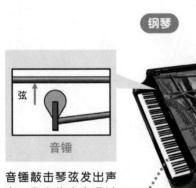

钢琴

弦

弦

音锤

响板

键盘

音锤敲击琴弦发出声音。发出的声音通过响板被放大。

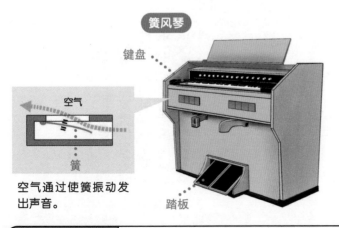

簧风琴

键盘

空气

簧

踏板

空气通过使簧振动发出声音。

**要点在这里!**
钢琴通过弦的振动发出声音,簧风琴利用空气,使簧振动发出声音。

水蒸气

第216页问题答案

# 所谓的银河，指的是什么？

地球
宇宙

## 无数星星的集合——"银河系"

在夏夜的星空里，我们能看到牛郎星和织女星，关于七夕的传说也尽人皆知。但是你知道吗？我们看到的银河，其实是由许多颗星星组成的。

在宇宙中，存在着许多被称作"银河"的、由无数颗星星聚集在一起的集合。地球和太阳也是这无数银河中的一颗星星（→p.25）。地球所处的银河被称为"银河系"。

银河系是一个棒旋星系，包括1000～4000亿颗恒星和大量的星团、星云，以及各种类型的星际气体和星际尘埃。

## 银河的真面目是什么样？

地球距离银河系中心约28,000光年。从地球望向聚集了大量星星的银河系中心，会看到星星好像形成了一条带子，这就是银河的真面目。

银河只在晴天夜晚可见。我们所说的银河不是银河系，而是银河系的一部分。

从地球朝银河系的中心望去，可以看到星星大量聚集所形成的星带，看上去就像一条河一样。

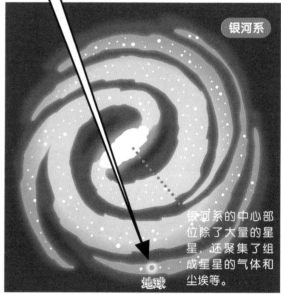

银河系

地球

银河系的中心部位除了大量的星星，还聚集了组成星星的气体和尘埃等。

要点在这里！

我们说的银河是银河系的一部分。银河系是一个棒旋星系，由大量恒星、星团、星云，以及气体和尘埃构成。

小测验　我们的地球所处的银河叫什么名字？

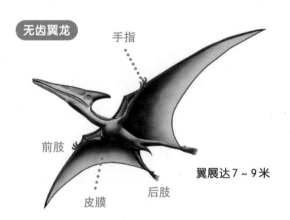

无齿翼龙

手指

前肢

皮膜 后肢

翼展达7～9米

风神翼龙

身长与长颈鹿大致相同。

身长

翼展达10～20米

生命

动物

## 翼龙类是用翅膀飞行的动物

距今约2.51亿年到6600万年前，在地球上，大型爬行类动物处于繁盛时期。恐龙、鱼龙、长颈龙……还有一种翼龙。

翼龙是一种可以利用翅膀在空中飞行并捕食猎物的肉食性爬行类动物。翼龙出现在距今约2.51亿年到2亿年前。当时的翼龙只有鸽子那么大。但是，随着时间的推移，翼龙的种类不断增加，出现了妖精翼龙（翼展约6米）、无齿翼龙（翼展达7～9米）等大型翼龙。

翼龙前肢的第四根手指与后肢之间长着由巨大的皮肤膜（皮膜）构成的翅膀。目前认为，翼龙正是利用这种翅膀飞上了高空。

## 体形过大导致无法飞行？

据说，体形最大的翼龙是风神翼龙。它的身长达2.5米。现在我们看到的长颈鹿身高约为3米。由此可见，风神翼龙的身长与长颈鹿差不多。据推测，风神翼龙张开翅膀后，宽度可达10～20米。

对于这种翼龙，有研究人员猜测"它可能会因为体形过大而无法飞行"。此外，还有研究人员根据实验结果得出了"体重在40千克以上的鸟类拍打翅膀无法产生足够（使其飞起来）的力量"的结论。看来，大型翼龙究竟是否能够飞行，还有待进一步研究。

**要点在这里！**

翼龙利用皮膜在空中飞翔，但也有说法认为，大型翼龙无法在空中飞翔。

第218页问题答案

银河系

**小测验** 风神翼龙的翅膀张开后，宽度可达多少米？

# 为什么说能够检测到引力波是一件了不起的事?

阅读日期( 年 月 日)( 年 月 日)( 年 月 日)

地球

宇宙

### 爱因斯坦的预言

2016年2月,有一条新闻传遍了世界各地。美国的研究团队宣布,首次成功捕捉到了"引力波"。或许有些人还不太明白,这件事究竟有什么非同寻常的意义呢?

引力波的概念首次出现,恰好是在此次研究成果发表的100年前。出生于德国的物理学家爱因斯坦在论文中提到了引力波。他认为,具有重量的物体会使其周围的时空发生弯曲,一旦物体产生运动,时空的弯曲就会变成波的形式,以光速传播。这种波就是引力波。

然而,爱因斯坦本人并没有实际捕捉到引力波,而是认为"从理论上来讲是这样的,在未来的某一天一定能够捕捉到它"。但实际上,想要捕捉引力波是一件非常困难的事情。

### 困难重重的原因有很多

想要捕捉引力波,就必须要捕捉到时空的伸缩。这与观测星星或者银河完全不是一回事。

目前的技术所能捕捉到的引力波,必须是相当重的物体运动时产生的。比如说,在宇宙中偶尔发生的,某颗星的寿命走到尽头时所发生的"超新星爆炸"(→p.291)等。因此,能够捕捉它的机会十分有限。

并且,即便遇到了这样的机会,能够捕捉的空间伸缩的宽度也小到令我们无法想象。

对人类而言,探测引力波是非常具有挑战性的任务。日本于2010年正式启动了KAGRA(Kamioka Gravitational Wave Detector)项目,主要有东京大学、京都大学、日本国立天文台等高校和研究机构对引力波进行研究。而在中国,清华大学、北京师范大学、上海师范大学等也是KAGRA的合作伙伴。

引力波
是较重的星星发生运动时所产生的。

较重的星星发生运动,引发超新星爆炸,会产生引力波!

爱因斯坦

10~20米

第219页问题答案

能够捕捉到过去100年间任何人都没能捕捉到的宇宙空间极小幅度的伸缩,是一件令人惊叹的事情。

要点在这里!

**小测验** 100年前预言了引力波存在的物理学家是谁?

# 纳豆为什么黏糊糊的？

阅读日期（　　年　　月　　日）（　　年　　月　　日）（　　年　　月　　日）

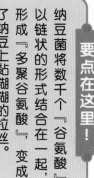

生命
微生物

## 将蛋白质进行分解

在日本，纳豆自古以来就作为搭配米饭的伴侣而存在。提到纳豆，它最大的特点就是黏。

纳豆是将用锅煮好的大豆放在稻草上，利用稻草中所含有的一种叫作"纳豆菌"的微生物使大豆发酵而成的。发酵是指微生物将某种物质分解，转化为其他物质的现象，专指对人类有益的这一过程（→p.90）。

纳豆菌将大豆中所含有的"蛋白质"分解，转化为氨基酸。而氨基酸就是纳豆"独特美味"的来源。纳豆菌在将蛋白质转化为氨基酸的同时，还会将数千个谷氨酸（氨基酸的一种）以链状的形式联结在一起。这样制造出来的"多聚谷氨酸"，就变成了纳豆上面那些黏糊糊的拉丝。不过，现在的纳豆大多数并不是放入稻草中，而是直接向大豆中加入纳豆菌制成的。

## 只有大豆才会变得黏糊糊的

那么，除大豆以外的其他豆类难道都不能变得黏糊糊的吗？实验证明，花生可以变得稍黏一些，而红豆则完全不会变黏。目前认为，这可能是由各种豆类蛋白质含量上的差异引起的。

大豆的蛋白质含量约为35%，花生约为25%，而红豆则仅约为20%。由于黏糊糊的物质是由蛋白质分解而形成的，所以蛋白质含量较少的豆类不会出现变黏的情况。

要点在这里！

纳豆菌将数千个『谷氨酸』以链状的形式结合在一起，形成『多聚谷氨酸』，变成了纳豆上黏糊糊的拉丝。

稻草

纳豆菌

藏在稻草里的我们一起来让大豆发酵吧！

多聚谷氨酸

谷氨酸

纳豆菌将谷氨酸结合起来形成多聚谷氨酸，它们就变成了纳豆上面那些黏糊糊的拉丝。

第220页问题答案
爱因斯坦

**小测验**　构成纳豆上面黏糊糊的拉丝的成分叫什么？

# 较重的物体和较轻的物体同时落下，哪个先着地？

物质的作用

力

### 以同样的速度下落

将又大又重的石头从高处扔下，一眨眼就会落到地面上。那么，如果向下扔的是一块又小又轻的石头，会是怎样的呢？

古希腊一位叫作亚里士多德的哲学家曾经断言："较重的物体会更快落地。"在此后约2000年的时间里，人们一直对此深信不疑。

后来对此提出否定意见的，是一位叫作伽利略·伽利雷的学者。伽利略从意大利的比萨斜塔上同时扔下一轻一重的两个金属球，证实了两个球同时落地，而并非较重的那个下落速度更快。

实验结果证明，无论什么球都会同时落到地面上，也就是说，世间万物都是以相同的速度下落的，与其本身的重量无关。

但实际上，这个在比萨斜塔做实验的故事是人们在伽利略死后编出来的。据说，当时的情况是伽利略利用一个较长的斜面，以让球沿斜面滚下来的方式进行的实验。

### 在月球上进行的实验

人们在月球表面也进行了伽利略的实验。

在地球上，物体下落时会受到来自空气的阻力，因此，很难达到理想的实验效果。

于是人们猜测，可以在没有空气的月球上，试试让物体在没有空气阻力的状态下下落。"阿波罗15号"宇宙飞船的船长就曾经在月球表面进行了类似的实验：他右手拿着一把锤子，左手拿着一根羽毛，同时松开双手，发现二者同时落地了。沉重的锤子和轻盈的羽毛同时落在月球表面，证明了伽利略的说法是正确的。

**伽利略实验**

比萨斜塔

伽利略·伽利雷

同时扔下一轻一重的两个金属球，两个球同时落地。

较轻的金属球

较重的金属球

※ 实际上，伽利略采用的是让球沿着一个较长的斜面滚下来的方式进行的实验。

**要点在这里！**
如果没有空气阻力，较轻和较重的物体会同时落地。

**小测验**　是谁发现了同时扔下较轻和较重的物体，它们会同时落地的？

**月亮位于较低的位置时**　　**月亮位于较高的位置时**

月亮位于高处时，看上去较小。月亮位于低处时，看上去较大。但实际上，月亮本身的大小是不变的。

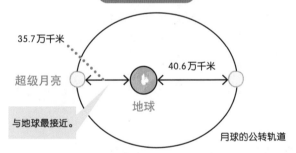

**发生超级月亮时**

35.7万千米

40.6万千米

超级月亮

地球

与地球最接近。

月球的公转轨道

> **要点在这里！**
>
> 月球与地球最接近时发生的满月，看起来比其他时候都大。

## 月亮的大小是一成不变的吗？

眺望夜空中的明月，你有没有发现，月亮刚从地平线上升起时看上去比较大，而升到高空时看起来比较小。

但实际上，无论在地平线附近，还是在高空，地球和月亮之间的距离都应该是相同的才对。

尽管如此，我们仍能看到月亮大小的差异，原因就在于眼睛所产生的错觉（→p.20）。但是为什么会有这样的错觉，目前还没能得出科学的解释。

## 月亮的大小确实发生了变化

我们看到的月亮的大小，实际上确实是在发生变化的。

月球围绕地球运转（公转），由于其运行轨道是椭圆形的，所以它与地球之间的距离并不是一成不变的。地球和月球之间的平均距离约为38万千米，但实际上是在约35.7万千米～40.6万千米之间不断变化的。

因此，当月球位于其运行轨道的不同位置时，我们在地球上看到的月亮大小也会发生变化。

其中，当月球距离地球最近时，如果恰好发生了满月，我们就会看到比其他时候都大的月亮，即"超级月亮"。

地球

月球

第222页问题答案

伽利略·伽利雷

**小测验**　月球与地球最接近时发生的，看起来比以往任何时候都大的满月叫什么？

# 鲨鱼的牙齿可以多次更替！

生命
鱼类

## 使用超过20,000颗的牙齿

人类的牙齿会经历从乳牙到恒牙的更替过程。只会发生一次更替。这与狮子、长颈鹿等其他哺乳类动物是一样的。

然而，在动物界，也有一生中会数次更替牙齿的特例，那就是利用尖利的牙齿捕获猎物的鲨鱼。

鲨鱼的嘴里长着6~20排牙齿。

在捕获猎物时，只用到最前面的两排牙齿。后面的几排都是等待替换的备用牙齿。

在咀嚼巨大的鱼骨，导致前牙发生磨损和断裂时，前面的牙齿会自然脱落，两三天后，后面的牙齿就会移动到前排顶替脱落的牙齿。然后在后面又会萌发出新的备用牙齿，

可以随时更替。

由于具有这样的身体结构，据说，鲨鱼一生中要用掉超过20,000颗牙齿。

## 不会形成蛀牙

由于鲨鱼的牙齿更替速度很快，根本没有时间形成蛀牙。

而且，鲨鱼的牙齿表面是由一种叫作"氟化磷灰石"的物质构成的。氟化磷灰石是由牙膏中经常用到的"氟化物"演变而来的，具有防止蛀牙的功效。

可见，牙齿更替速度快，以及牙齿表面覆盖着氟化磷灰石，都使得鲨鱼不容易产生蛀牙。

要点在这里！

在鲨鱼的嘴里，排列着数排用于更替的备用牙齿，前面的牙齿发生磨损和断裂时，备用牙齿会被推到前面进行更替。鲨鱼一生，会经历多次牙齿替换。

从外面看到的鲨鱼的牙齿

平时使用的牙齿

鲨鱼牙齿的构造

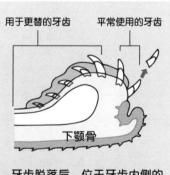

用于更替的牙齿　　平常使用的牙齿

下颚骨

牙齿脱落后，位于牙齿内侧的备用牙齿会被推到前面。

小测验　据说，鲨鱼一生中会使用多少颗牙齿？

物质的作用

力

## 水的重量不同

大家有没有发现，与游泳池相比，在海里，人更容易浮起来？究竟为什么会有这样的感觉呢？

普通的水与海水相比，相同体积下，海水由于含有溶解在其中的盐分，会比普通的水更重。因此，由盐水组成的海水与游泳池里的水相比，也会更重一些。

水的重量与其所能产生的浮力之间存在密切的关系。

## 浮力变大

对处于水中的物体所施加的向上的力叫作"浮力"。我们能在水里浮起来，就是因为浮力对我们的身体产生了作用。

浮力的大小与进入水中的物体挤走的水的重量是相同的（→p.35）。换句话说，海水比游泳池里的水更重，浮力也就更大。因此，与在游泳池里相比，我们的身体在海里更容易浮起来。

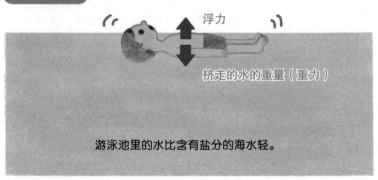

**游泳池里的水**

浮力

挤走的水的重量（重力）

游泳池里的水比含有盐分的海水轻。

**海水**

浮力

挤走的水的重量（重力）

由于海水比游泳池里的水重，利用少于游泳池里的水（体积更小）就能产生与人体重量相同的浮力。也就是说，海水浮力更大，人在其中更容易浮起来。

> **要点在这里！**
>
> 与游泳池里的水相比，海水的浮力更大，身体更容易浮起来。

第224页问题答案

**小测验**　对处于水中的物体所施加的向上的力叫什么？

# 人体内存在可再生的脏器！

生命
❤
人体

## 肝脏是可再生的脏器

人体内的大部分脏器经过手术等方式切除后，基本上是不可能再恢复原状的。

然而，肝脏在被切除后，却是可以再生的。假如切除掉70%的肝脏，4~6个月后，它就会重新恢复原来的大小，并且具备与切除前同样的功能。

当切除掉30%的肝脏时，肝脏的细胞会变大，利用这种方式恢复原状。

当切除更大比例时，细胞会一分为二（分裂），利用数量增加的方式使肝脏恢复原状。

至于肝脏为什么可以再生，目前还是一个未解之谜。

## 具有500余项功能

那么，肝脏究竟是一个什么样的脏器呢？

肝脏是人体内最大的脏器，具有很多对人体十分重要的功能。

比如，肝脏会分泌出一种液体——"胆汁"，帮助消化脂肪。

肝脏还具有储存从食物中摄取的营养元素，并将其转化为人体能够吸收的物质的作用。

除此之外，肝脏还能够分解酒中含有的酒精等对人体有害的物质，将其转化为无毒的状态。

以上提到的只是肝脏的一小部分功能。据说，肝脏总共具有500多项功能。

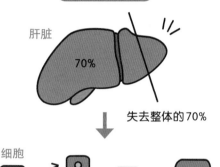

肝脏的再生机制

肝脏

70%

失去整体的70%

细胞

细胞分裂，数量增加到原来的约1.6倍

细胞增大至原来的约1.5倍

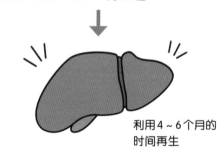

利用4~6个月的时间再生

**要点在这里！**

即使失去了70%的肝脏，也能在4~6个月的时间里实现再生。

第225页问题答案
浮力

**小测验**　肝脏分泌出来的，用来帮助消化脂肪的液体叫什么？

# 岛屿是如何形成的?

## 大陆与岛屿的区别

陆地主要分为大陆和岛屿。

紧邻日本的中国和韩国,国土的大部分位于亚欧大陆上。而日本却恰恰相反,并因此被称为岛国。这是由于日本的国土是由北海道、本州、四国和九州等岛屿组成的。

世界上面积最大的岛,是位于北冰洋和北大西洋之间的格陵兰岛,面积约为216.6万平方千米。人们将面积小于这一数值的陆地全部称作岛,超过这一数值的陆地则被称作大陆。

## 岛屿的形成过程

岛的形成原因主要有两种。

一种是由于位于海中的火山喷发,喷出的岩浆凝固形成的。夏威夷岛就是这类岛屿。

另一种是由于覆盖在地球表面的板块(→p.168)移动所形成的。大块的大陆在板块运动的作用下发生分裂,变成了岛。日本列岛就是这样形成的。在很久以前,日本曾经是大陆的一部分(→p.60)。

除此之外,还有人造岛屿。位于日本兵库县的"Port Island"就是人工填海造出的岛。在南美地区,还有一个叫作"乌若斯漂浮芦苇岛"的岛,全部是用一种叫作"高香蒲芦苇"的植物造出来的。

此外,在日本冲绳县,还有利用珊瑚碎片造出的岛屿。

地球
大地

> **要点在这里!**
> 岛屿是海里的火山喷发、岩浆凝固,或者板块运动导致其从大陆中分离出来而形成的。

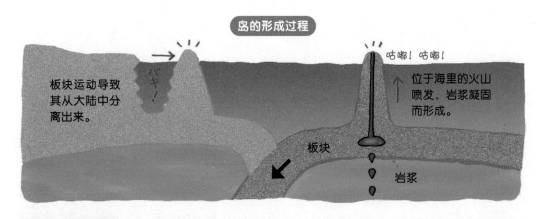

岛的形成过程

板块运动导致其从大陆中分离出来。

バキ!

咕嘟!咕嘟!

位于海里的火山喷发,岩浆凝固而形成。

板块

岩浆

**小测验**　世界上最大的岛叫什么?

# 为什么天热的时候洒水会感觉凉爽?

物质的作用

热

## 消失了的水

往杯子里倒上水静置一段时间,你会发现不知不觉间水变少了。这是水变成了肉眼看不见的气体——水蒸气,跑到了空气中的缘故(→p.236)。

像水等液体变成气体跑到空气中的现象叫作"蒸发"。

## 蒸发时会夺走热量

夏天,人们有时会往地面上洒水。

由于洒水会使周围的环境变得凉爽,很多地方的人们自古以来就有在炎热的夏季洒水降温解暑的习惯。那么,究竟为什么洒水会使周围的环境变得凉爽呢?

物体具有从液体状态转化为气体状态(蒸发)时,从周围夺走热量的性质。这种热量叫作"汽化热(蒸发热)"。由于被汽化热夺走了热量,周围的环境温度会降低。

洒水之所以会使周围的环境变得凉爽,是由于水在蒸发过程中夺走了地面上的热量,使地面温度下降了。

举例来说,人身上湿淋淋的时候被风一吹,水在被风吹干的同时,身体也会感受到丝丝凉意。这与往地面上洒水的原理是相同的,由于水蒸发时夺走了皮肤的热量,才导致温度下降,感觉到凉。

水蒸发时夺走了地面上的热量

洒水时

水

热量　地面　热量

### 要点在这里!

往地面上洒水,水蒸发时夺走了地面上的热量,地面的温度下降,使得周围的环境变得凉爽。

格陵兰岛

第227页问题答案

小测验　水蒸发时从周围夺走热量的现象叫什么?

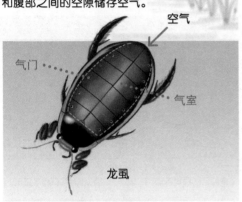

尾部末端探出水面,利用翅膀和腹部之间的空隙储存空气。

空气

气门

气室

龙虱

氧

气泡

尾部末端产生气泡,利用其吸收水中的氧,能够长时间潜在水中。

要点在这里!

龙虱利用位于翅膀下的气室储存空气,在水中也能呼吸。

生命

虫类

## 在翅膀下储存空气

有一种叫作龙虱的昆虫,可以在水里自由地游动,捕食猎物。龙虱是独角仙的近亲,它不仅能在水里游,还能冲出水面飞上天空。但是它并没有像鱼一样的鳃(→p.56)。那么,它在水中是如何呼吸的呢?

龙虱是利用一个叫作"气门"的器官吸收空气中的氧,进行呼吸的。龙虱上升到水面,将尾部的末端露出水面,利用翅膀和腹部之间的空隙储存空气。这个空隙叫作"气室"。龙虱的气门开在气室里,储存在气室里的空气可以经过气门实现氧气的输送。

## 尾部会产生气泡

此外,当龙虱潜入水中时,尾部会产生气泡。气泡与气室内的空气相连,当气泡中的氧变少时,水中的氧也会进入气泡中。

这样的构造,与单纯在水面上储存空气相比,更利于龙虱长时间潜在水下。

在水生昆虫中,还有像田龟、水斧虫那样,将尾部用于呼吸的管子探出水面来进行呼吸的昆虫。

此外,蜻蜓的幼虫水虿有鳃,可以直接获取水中的氧。

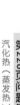

第228页问题答案

汽化热(蒸发热)

# 轰隆隆的雷声，
# 究竟是怎么形成的？

物质的作用

电

## 云里蓄积着电

雷电伴随着刺眼的闪电和轰隆隆的巨响落到地面上。这种轰隆隆的雷声究竟是如何产生的呢？

在产生雷的云里面，飘浮着大量的冰粒。这些冰粒在云里随着空气的剧烈运动不断产生摩擦和碰撞，由此产生了一种叫作"静电"的电（→p.73）。较大的冰粒带有了负电，较小的冰粒带有了正电。

由于较大的冰粒在其重量的作用下逐渐下沉，云的下半部分蓄积了负电。被这种负电吸引，云下方的地面上蓄积起了正电。

这样一来，一旦负电达到了云所能承载的极限，就会向云的上半部或地面带有正电的地方移动，从而产生放电和打雷的现象（→p.178）。

## 空气振动的声音

雷所携带的电的最大强度可以达到10亿伏。这相当于我们家中日常使用的电压的455万倍（注：中国家用标准电压为220伏）。虽然空气不易导电，但雷所产生的电压太大，依然可以在空气中移动。

在雷所到之处，空气会出现高温膨胀的现象。这样一来，其周围的空气会出现剧烈的振动。这种振动就是轰隆隆的雷声的来源。

**雷产生的原理**

负电蓄积在云的下半部分

受到来自云的负电的吸引，云下方的地面上蓄积起了正电。

轰隆隆

负电会流向云的上半部或地面带有正电的地方。此时就会产生闪电和轰隆隆的雷声。

**要点在这里！**

轰隆隆的雷声是由于空气受热急剧膨胀，发出剧烈振动所产生的。

气门

第229页问题答案

**小测验**　　雷产生的电的最大强度可以达到多少伏？

# 只要在地球上，就看不到月球的背面！

## 月球的运动方式

虽然月亮有圆有缺，但我们看到的月球表面的纹理却始终是一样的。为什么月球朝向地球的总是同一面呢？

这是由于月球的自转周期（月球自转一周所需的时间）和公转周期（围绕地球运行一周所需的时间）几乎相同，都是27天左右。

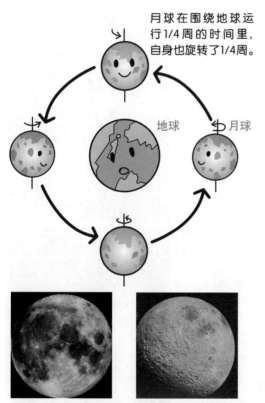

月球在围绕地球运行1/4周的时间里，自身也旋转了1/4周。

地球　月球

月球正面（左）有大量的"海"，看起来黑漆漆的；背面（右）有大量的环形山。

如左图所示，月球在绕地球运转一周期间，自身也转动了一周。

这样一来，就形成了月球朝向地球的始终是同一面的情况，即从地球上是无法看到月球背面的。

通过1959年苏联发射的月球探测器"月球3号"拍摄的照片，人类第一次看到了月球背面的样子。

地球

月球

## 月球的正面和背面

月球表面看起来黑漆漆的地方是"海"，白色的明亮区域是"高地"。我们常说的月球表面看起来像兔子形状的地方就是"海"所在的地方（→p.123）。

"海"是平坦的，而"高地"则多是凹陷的环形山，以及山脉、山谷等呈起伏状的地形。此外，"海"里并没有水。目前认为，月球与其他天体撞击所形成的环形山被地下喷出的岩浆所填埋，就形成了"海"。

月球的正面有很多处"海"，而背面则绝大部分是被环形山所覆盖的"高地"。

月球的正面和背面，看上去仿佛两个截然不同的天体。这种差异被称为"月球的两面性"。

### 要点在这里！

由于月球的自转周期和公转周期几乎相同，在地球上，我们能看到的总是月球的同一面。

10亿伏

第230页问题答案

**小测验**　月球表面看起来黑漆漆的地方叫什么？

# 人能潜到深海的任何地方吗？

地球

海洋

### 人最多只能潜到水下214米

人不能在海里呼吸。此外，随着水深的增加，水压（水对物体施加的力）会越来越大，因此，人能下潜的深度是有限的。

在不借助任何设备下潜的情况下，普通人能潜到水下约5米处。

穿上潜水服，携带氧气瓶和脚蹼等设备进行水肺潜水，可以下潜到水深40米左右。

但是，有一种叫作自由潜水的运动，也就是凭借一口气挑战下潜的极限，从事这项运动的运动员能够潜到水深100米以上的地方。据说，无限制潜水的世界纪录是214米。

此外，在穿着能够抵抗水压的潜水服的条件下，人能够下潜的深度为300～500米。

### 潜水艇能下潜至水下7000米

想要下潜到水下更深的地方，就需要用到一种叫作潜水艇的工具了。潜水艇的构造极其坚固，在深海水压极高的条件下也不会出现破损。

日本拥有名为"深海6500"的潜水艇，正如它的名字所示，能够下潜到水深6500米的地方，位列世界第二。世界排名第一的，是由中国制造的"蛟龙号"潜水艇，能够在水深7000米的地方展开活动。目前，日本也在开发能够下潜到更深的地方的潜水艇。

**要点在这里！**
人类穿着能抵抗水压的潜水服能下潜300～500米，如果乘坐潜水艇，则能够下潜到水下7000米的地方。

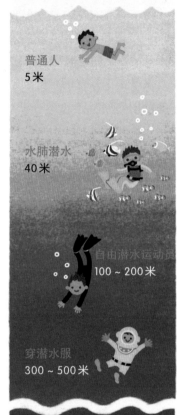

普通人
5米

水肺潜水
40米

自由潜水运动员
100～200米

穿潜水服
300～500米

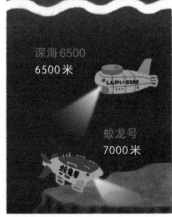

深海6500
6500米

蛟龙号
7000米

海

第231页问题答案

**小测验**　中国制造的能够下潜到水下7000米的潜水艇叫什么名字？

7 月
22 日

生命
虫类

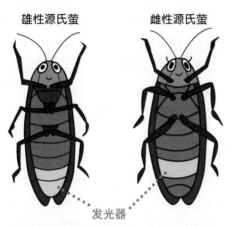

雄性源氏萤　　雌性源氏萤

发光器

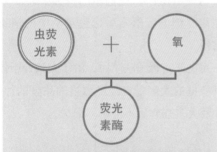

虫荧光素　＋　氧

荧光素酶

虫荧光素和氧在荧光素酶的催化作用下结合在一起。与氧结合的虫荧光素在发光器中发光。

## 腹部末端的发光器发光

在夏季的夜晚，萤火虫闪着星星点点的光飞来飞去，这样的画面十分美丽。那么，萤火虫究竟是如何发光的呢？

位于萤火虫腹部末端的发光器，能够制造出一种发光物质——"虫荧光素"。虫荧光素在自身含有的"荧光素酶"的催化作用下，与氧结合后发光。

荧光素酶的具体构造因萤火虫种类而异。因此，不同种类的萤火虫会发出黄色、黄绿色、橙色等不同颜色的光。

## 雄性和雌性的标记

关于萤火虫发光的原因，有几种不同的说法。有的认为萤火虫通过发光告知同伴自己所处的位置，也有的认为雄性萤火虫发光是为了向雌性求婚。萤火虫发出的光，是它们之间沟通交流的方式。

雄性萤火虫边飞边发光，雌性萤火虫看到后，会发出微小的光作为信号，与前来的雄性萤火虫交尾。

此外，萤火虫有许多不同的种类。每一种能发出的光的强弱和时长各不相同。举例来说，源氏萤发出的光较强，发光持续时间也较长，而平家萤发出的光较弱，发光持续时间也较短。利用这样的差异，萤火虫能够准确地找到自己的同类进行交尾。

**要点在这里！**

萤火虫利用腹部末端的发光器制造出一种叫作虫荧光素的物质，这种物质在荧光素酶的催化作用下与氧结合发光。

第232页问题答案

蛟龙号

**小测验**　　一边飞一边发光的是雄性萤火虫还是雌性萤火虫？

# 无法做出自己想做的梦?

生命
人体

### 雷姆睡眠阶段的梦

提到做梦,我们每个人都希望能做让自己开心的梦。但据说,与令人愉快的梦相比,人们更多的是做一些令自己不愉快的梦。为什么我们总是没有办法梦见自己想要梦见的事情呢?

人类的睡眠分为两个阶段:被称作"雷姆睡眠"的浅睡阶段和被称为"非雷姆睡眠"

雷姆睡眠阶段

好困啊!

不愉快的梦和恐怖的梦

有鬼!

即使人还在睡觉,大脑也已经醒来了。

扁桃体
感受到不安和恐惧时更为活跃。

的深睡阶段。夜里睡觉时,我们会不断交替处于这两种不同的阶段(→p.327)。

做梦发生在雷姆睡眠阶段。

处于雷姆睡眠阶段时,即使人还处于睡眠状态,大脑也已经清醒了。因此,大脑就会开始产生一些形象鲜明、故事性强的梦境。

此外,人处于雷姆睡眠阶段时,大脑中的扁桃体处于活跃状态。与喜悦时相比,扁桃体在感受到不安和恐惧时更为活跃。因此,在雷姆睡眠阶段,我们做的梦大多是不开心甚至是恐怖的,醒来后也会对梦中的情景记忆犹新。

而在非雷姆睡眠阶段,由于大脑处于休息中,梦见的大多是曾经经历过的甜蜜的片段。这种梦大多在醒后不会留下记忆。

### 如何才能做自己想做的梦

那么,要怎样才能做出自己想做的梦呢?

**要点在这里!** 临睡前想象一些自己想要梦见的画面,赋予大脑这样的记忆,或许能做出想做的梦。

梦与大脑中所存储的记忆相关联。因此,目前的观点认为,只要在临睡前想象一些自己想要梦见的画面,赋予大脑这样的记忆,做出想做的梦的可能性就会提高。

**小测验** 在雷姆睡眠阶段,大脑中的哪个部位处于活跃状态?

# 空调为什么能让房间变冷变热？

## 存取热量的冷媒

天气炎热的日子里，只要打开空调，屋子就会变得凉爽起来。这是为什么呢？

空调由安装在房间里的室内机和安装在屋外的室外机组成。打开空调后，会有一种叫作"冷媒"的物质在室内机和室外机之间移动。冷媒具有压缩后变为液体，向周围释放出热量，当压缩的力变小，又会重新膨胀变为气体，从周围吸收热量的性质。

空调正是利用了冷媒的这种性质调节室温的。

## 房间内的热量跑到了室外

冷媒被输送到室内机后，在一个叫作热交换器的装置中变为气体，吸收热量，使热交换器冷却下来。室内机中的风扇吸入室内空气后，通过热交换器进行冷却，再重新释放到房间里。这样，房间的温度就会下降了。吸收了热量的冷媒被输送到室外机后，在一个叫作压缩机的装置中被压缩，变为液体，向周围释放热量。释放热量后的冷媒重新被输送到室内机。空调就是利用这种冷媒的反复移动对房间进行降温的。

想要给房间升温时，工作原理则恰恰相反。

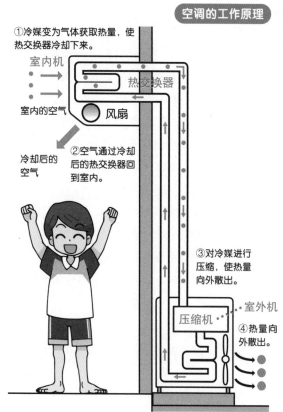

**空调的工作原理**

①冷媒变为气体获取热量，使热交换器冷却下来。

室内机

热交换器

室内的空气

风扇

冷却后的空气

②空气通过冷却后的热交换器回到室内。

③对冷媒进行压缩，使热量向外散出。

室外机

④热量向外散出。

压缩机

物质的作用

热

要点在这里！

空调通过吸收和释放热量，调节室内的温度。

第234页问题答案

扁桃体

# 水坑里的水最终去了哪里？

物体的
性质

水

## 变成一种叫作水蒸气的气体

发现水坑里的水不知道什么时候消失了，你有没有感到过惊奇？这是因为水变成了一种肉眼看不到的气体——"水蒸气"。水蒸气进入空气中，最后会变成云（→p.244）。

像水等液体经过其表面转化成气体的现象叫作"蒸发"。洗好的衣服能够晾干，也是衣服中的水分蒸发掉了的缘故。

与此相对，液体不仅表面，连内部也转化为气体的现象叫作"沸腾"。煮汤时，咕嘟咕嘟冒出的气泡就是水里产生的水蒸气。

水温达到100℃时会沸腾，低于100℃时，水分会从水面上慢慢蒸发。

## 水分子"逃"出来了

水是由水分子构成的。水蒸发时，水分子会"四散而逃"。

当水处于液体状态时，其中的水分子会处于时而联结、时而分开的自由运动状态。位于水表面的水分子会从联结在一起的状态脱离开，飞到空气中，这就是蒸发。

而水在沸腾时，内部达到了100℃，此时，水分子剧烈运动，水的内部也出现了气体（水蒸气），然后扩散到空气中。

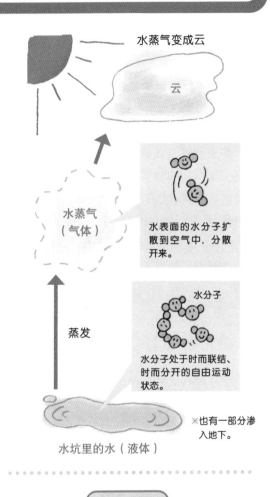

水蒸气变成云

云

水蒸气
（气体）

水表面的水分子扩散到空气中，分散开来。

水分子

水分子处于时而联结、时而分开的自由运动状态。

蒸发

水坑里的水（液体）

※也有一部分渗入地下。

当水变成肉眼看不到的「水蒸气」进入空气中后，水坑里的水就不见了。

要点在这里！

膨胀时

第235页问题答案

小测验　水等液体的表面转化为气体的现象叫什么？

# 为什么指南针能指示方向?

阅读日期( 　年　月　日)( 　年　月　日)( 　年　月　日)

## 地球是一个巨大的磁体

在球形的地球中心,是"地核"(→p.80)。在地核中心,有由凝固状态的铁组成的"内核",在其外侧有由液态的铁组成的"外核"。

目前的观点认为,在外核部分,由于内核的热量和地球的自转,液态的铁会产生对流。这种对流一旦产生电流,外核就会具有"磁性"。磁性是磁铁所具有的性质。由于外核具有磁性,地球就变成了一个北面是S极、南面是N极的巨大磁体。

磁体具有S极和N极相互吸引的性质,因此,指南针的N极会与位于北极的S极相互吸引,而S极则会与位于南极的N极相互吸引,从而指示方向。

## 反过来的S极和N极

地球的磁极在以极其缓慢的速度移动。因此,据说在距今约80万年前,地球的北面是N极,南面是S极。在地球的历史上,360万年的时间里,曾经出现过11次指南针与现在方向相反的情况。

虽然有诸多学者在研究导致地球磁极颠倒的原因,但目前尚无定论。

地球
大地

只要受到磁性的影响,即使在宇宙中,也能使用指南针!

**地球变成磁体的原理**

北极

S

N

南极

在由液态铁组成的地球外核中,会形成对流。对流一旦形成电流,外核就具有了磁性。

外核

**要点在这里!**
地球是一个巨大的磁体,指南针的指针能够指示南北。

蒸发

第236页问题答案

# 独角仙的角是用来做什么的?

生命
虫类

## 角是用来打架的

我们知道,独角仙有着大大的角。但是,其实只有雄性的独角仙才有角,雌性是没有的。

雄性独角仙与其他雄性独角仙打架,争夺作为交尾对象的雌性时,用到的武器就是角。

独角仙打架时,将角插入对方的身体下方,将对方挑起摔倒即宣告获胜。因此,体形和角较大的独角仙更容易取得胜利。体形和角都较小的雄性很难获胜。

通常,体形较小的雄性会选择在夜幕降临前来到分泌树汁的地方,这样就可以抢在体形较大的独角仙到来前慢慢吸食树汁,还可以与此时到来的雌性交尾。一旦体形较大的雄性出现,体形较小的就会选择退去。

## 各种各样的独角仙

据说,世界上的独角仙多达1500种。它们的种类不同,打架的方式也不一样。

生活在东南亚等地的南洋大兜和野生南洋大兜长着3根长长的角,利用这些角来控制住对方。

此外,长戟大兜被称为世界上最大的独角仙,最大的单体全长可达18厘米,能够用巨大的角夹住对方,将对方扔出去。

除此之外,还有利用比角还长的前肢将对方推倒的波特莱竖角兜等品种。

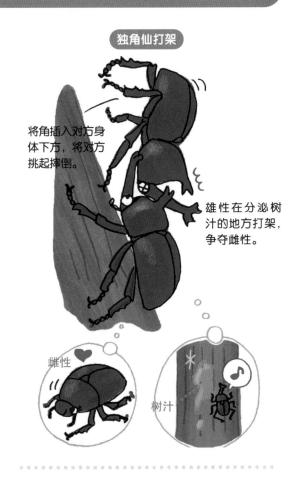

独角仙打架

将角插入对方身体下方,将对方挑起摔倒。

雄性在分泌树汁的地方打架,争夺雌性。

雌性

树汁

**要点在这里!**

雄性独角仙在分泌树汁的地方争夺雌性,用角与其他雄性和锹形虫等打架。

内核
第237页问题答案

**小测验** 有角的是雄性独角仙,还是雌性独角仙?

在黑洞中，越接近中心位置，重力越强。因此，被吸入的物体在下落过程中会被逐渐拉伸。

黑洞

最后变得七零八落……

※插图为假想图。

## 什么都吸进去的天体

你知道什么是"黑洞"吗？黑洞指的是借助非常强的重力（将周围物体吸向自己的力）将所有物体都吸进去的天体。就连秒速约30万千米，号称全宇宙最快的光都无法逃脱黑洞巨大的吸引力。

如果人被吸入黑洞，会发生什么呢？

我们首先假设人是以站立的姿势被吸入黑洞的。由于越接近黑洞的中心，重力越强，脚受到的吸引力要大于头部。因此，身体会被纵向拉长。

目前的观点认为，随着逐渐下落，人体会被拉伸得越来越细长，最后变得七零八落。

## 还有"白洞"？

那么，被吸入黑洞的东西最后究竟去了哪里呢？有一种观点认为是去了"白洞"。

白洞与黑洞相反，是一种将所有物体都"吐"出来的天体。有观点认为，它与黑洞相连，会将被黑洞吸进去的东西都吐出来。

也有观点认为白洞根本不存在，目前对此尚无定论。

地球

宇宙

**要点在这里！**
有观点认为，人一旦被吸入黑洞，身体就会不断地被拉伸，最后变得七零八落。

雄性

第238页问题答案

小测验　借助非常强的重力，将所有物体都吸进去的天体叫什么？

# 为什么烟花绽放时发出的光与声音不同步?

阅读日期( 年 月 日)( 年 月 日)( 年 月 日)

物质的作用

声音

## 光和声音的传播速度

夏季夜空中绽放的烟花十分美丽。那么,为什么每次放烟花的时候,听到的"砰"的声音和看到烟花的光总是不太同步呢?

这是由于光和声音的传播速度不一样。

光的传播速度约为每秒30万千米,相当于每秒钟绕地球7周半。而声音在空气中的传播速度约为每秒340米。也就是说,声音的传播速度仅相当于光速的九十万分之一。因此,放烟花时,我们会更早看到光。

## 声音在光之后到达

假设烟花在距离我们340米的地方被点燃。

烟花产生的光几乎会在被点燃的同时抵达我们的视线,但是声音要在约1秒后才会传入我们的耳朵。

再假设,我们与烟花之间的距离是340米的2倍,那么听到声音则需要2秒。

如上所述,我们距离点燃烟花的位置越远,听到声音所需的时间就越长。

不仅放烟花会出现声音的延迟,打雷时声音抵达的时间也晚于闪电。因此,无论烟花还是雷,只要数清楚声和光之间相差了几秒,用这个时间乘以340米,就大概能够计算出发生地与我们之间的距离。

**焰火的声音和光的时间差**

砰砰

340米

声音在约1秒后传入耳朵

光几乎在被点燃的同时就能看到

哗哗

光与声音不同步!

**要点在这里!**

由于声音和光的传播速度不同,在看烟花时,会出现声、光不同步的现象。

**小测验** 声音在空气中的传播速度约为每秒多少米?

# 点心包装里面写着"禁止食用"的白色东西是什么？

**物体的性质 变化**

## 保证美味的干燥剂

脆脆的煎饼、香喷喷的曲奇，一旦受潮就会变得不那么好吃了。点心之所以会变潮，是因为吸收了空气中的水分。装点心的袋子里也有空气，即使不打开袋子，点心也有可能因为吸收了水分而受潮。

这个时候，装在袋子里的"干燥剂"就派上了用场。干燥剂可以吸收袋子中的水分。

干燥剂有呈蓝色或透明小颗粒形态的，也有呈白色大颗粒形态的，不仅放点心的袋子里会用到，放海苔的地方也会用到它。

此外，在放馒头的袋子里，会放入"脱氧剂"，使其吸收空气中的氧，防止食品发霉。干燥剂和脱氧剂都不属于食品，因此，包装袋上会写明"禁止食用"的字样。

## 吸收水分

最常见的干燥剂是装着蓝色或透明颗粒的"氧化硅胶"。氧化硅胶的颗粒表面具有易与水结合的性质，且上面有许多小洞，极大地增加了表面积。因此，氧化硅胶周围的水分会迅速与其结合，从而被吸收。

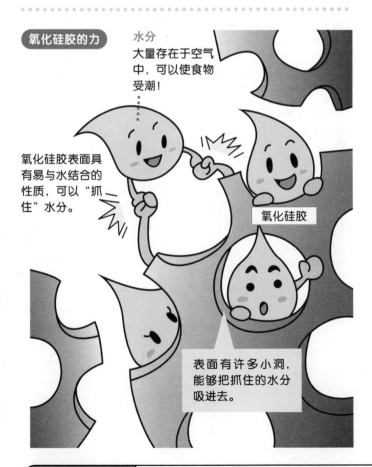

**氧化硅胶的力**

水分
大量存在于空气中，可以使食物受潮！

氧化硅胶表面具有易与水结合的性质，可以"抓住"水分。

氧化硅胶

表面有许多小洞，能够把抓住的水分吸进去。

**要点在这里！**
点心包装袋里一般会放入干燥剂或脱氧剂。

**小测验**　放在点心包装袋里的氧化硅胶能吸收什么？

# 有吃虫子的植物！

生命 ♥ 植物

## 叶片闭合抓住虫子

在植物中，有一种"食虫植物"。它们在利用光合作用（→p.281）制造养分的同时，还会捕捉昆虫作为食物。

食虫植物通常生长在养分较少的环境中，仅凭借光合作用无法获得充足的养分。那么，它们为什么要吃小虫子呢？这是因为它们需要通过消化掉捕食到的昆虫，获得光合作用所必需的营养。

举例来说，捕蝇草是利用像贝壳一样左右张开的两片"捕虫叶"捕食昆虫的。在左右叶片的内侧，各生长着3根被称为"感觉毛"的特殊神经末梢，昆虫一旦触碰这个部位，叶片就会立即闭合。闭合的叶片内部会分泌出溶解猎物的液体，将其消化掉。

## 各种各样的食虫植物

捕蝇草是通过张开叶片形成一个像网一样的东西来捕食昆虫的，这种捕食方式被称为"网式"。食虫植物的捕食方式除了网式，还有"黏着式"和"陷阱式"。

采用"黏着式"的食虫植物，叶片的表面布满能够分泌黏液的毛，它们利用这些毛捕食昆虫，将其消化掉。据说，毛毡苔和捕虫堇就属于这一种。

"陷阱式"是指植物在形似袋子的叶片中蓄积了消化液，利用它将掉入其中的昆虫消化掉。其中最有名的是猪笼草。

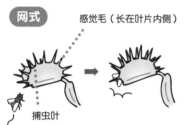

**网式**　　感觉毛（长在叶片内侧）

捕虫叶

感觉毛触碰到昆虫后，捕虫叶闭合，将昆虫关在叶片里。

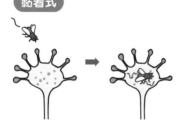

**黏着式**

叶片表面布满能分泌黏液的毛，利用其捕食昆虫。

**陷阱式**

叶片形似袋子，将掉入其中的昆虫消化掉。

要点在这里！

有些植物利用叶片捕捉昆虫并将其消化掉，由此获得生存必需的营养。

第241页问题答案
空气中的水分

**小测验**　食虫植物捕食昆虫的方式包括网式、黏着式和什么方式？

# 8 月故事

# 云彩为什么会飘在天空中?

阅读日期( 年 月 日)( 年 月 日)( 年 月 日)

地球

气象

### 水蒸气升到天空中变成了云

飘在天空中的云,是由很小的水珠或冰粒集结而成的。

在空气中,含有水蒸气,它是水的气体形态。此外,空气具有受热会变轻的性质,只要在太阳的照射下变热,空气就会变轻,上升到天空中更高的地方。在高空,温度一旦下降,空气中所包含的水蒸气就会冷却,变成水珠或冰粒。这些水珠或冰粒集结在一起,就形成了云。

这样形成的云并不会一直飘在空中,是会逐渐下沉的。但是,由于受到向上气流的作用,云会跟随气流上升,因此,可以一直飘浮在空中。

然而,随着水珠或冰粒的数量逐渐增多并结合在一起,气流便无法再继续将云吹向上空,此时,云就会变成雨或雪落下来。

### 积雨云为什么是黑色的?

我们在晴天看到的云是洁白的。这是组成云的大量水珠或冰粒从各个方向反射了太阳光的缘故。

与此同时,随着水珠或冰粒数量的增加,云会逐渐变大、变厚,最终遮住太阳光,因此,看起来就变成了黑色的。

但是,只有站在云的正下方时,云看起来才是黑色的。在其他地方,由于眼睛可以看到云反射的光,即便是积雨云,看起来也是白色的。

云变大后遮住了太阳光,因此,看起来是黑色的。

组成云的水珠或冰粒由于反射了太阳光,看起来是白色的。

水珠或冰粒

**要点在这里!**

由于气流的作用,云可以飘在空中。但是,随着水珠或冰粒数量增多,云最终会变成雨或雪落下来。

**小测验** 云是由什么集结而成的?

# 为什么吃凉的东西会引起头痛？

**导致头痛的原因**

大脑为了让嘴变暖，会使头部的血管急剧扩张，增加血液流量。

头部的血管

三叉神经感知疼痛的神经。

大量食用凉东西时，位于喉咙深处感知疼痛的神经受到刺激，大脑会对"凉"和"痛"做出错误判断。

**要点在这里！**

吃较凉的食物时，位于喉咙深处，感知疼痛的神经受到刺激，大脑会产生关于「痛」的错误判断，导致头痛。

## 大脑判断失误

天气一热，我们就会想吃冰激凌或者刨冰。但是，如果这些凉凉的东西吃得太急，有时候会引发头痛。

这种由于吃凉的东西导致头痛的现象叫作"冰激凌头痛"。那么，它究竟是如何引起的呢？

在我们的喉咙深处，有一个叫作"三叉神经"的神经，它可以感知冷热和疼痛。当我们在短时间内大量进食较凉的食物时，感知疼痛的神经受到刺激，会向大脑输送"痛"的信号；处于混乱状态的神经会对产生疼痛的位置做出错误的判断。并且，大脑会在额头和鬓角周围产生"痛"的误判，导致头一抽一抽地痛。

此外，据说嘴被过度冷却时，大脑会向嘴里输送血液，试图使其变暖。此时，头部的血管会急剧扩张，使经由此处的血液量迅速增加，也会导致头痛。

## 这种情况能够预防吗？

想要预防"冰激凌头痛"，最好的办法或许就是慢慢地、少量地进食冰激凌和刨冰了。

与刨冰相比，冰激凌中的冰含量较少，同时含有脂肪。据说，虽然冰激凌的温度更低，但是由于脂肪与冰相比更难传导热量，因此，相对而言不容易导致头痛。

生命 人体

第244页问题答案 水珠或冰粒

**小测验**　吃较凉的食物时，导致头痛的现象叫什么？

# 救护车的警报声音为什么是变化的？

阅读日期（　　年　　月　　日）（　　年　　月　　日）（　　年　　月　　日）

物质的作用

声音

## 运动时波长会发生变化

你有没有注意过，救护车驶过后，与到达前相比，警报的声音听起来更低。这究竟是为什么呢？

声音是一种由空气振动产生的波，这种波的长度叫作"波长"。产生声音的物体处于静止状态时，声音所产生的波以相同的长度向四周传播。但是，当产生声音的物体处于运动状态时，前进方向的声波会受到挤压，使波长变短，而位于其相反方向的声波则被拉长，使波长变长。

## 波长的长度与声音的高低

声波的波长越短，声音听起来越高；波长越长，声音听起来越低。也就是说，迎面驶来的救护车的警报声波长较短，听起来声音更高；而驶向远处的救护车的警报声波长较长，听起来声音较低。

如上所述，这种随着距离远近，声音产生高低变化的现象叫作"多普勒效应"。比如，与迎面驶来的新干线列车相比，逐渐远去的新干线列车的声音听起来更低，这也是多普勒效应的缘故。

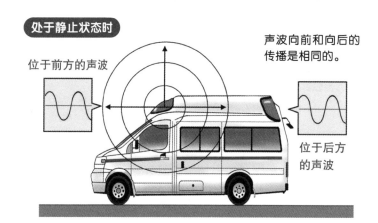

**处于静止状态时**

位于前方的声波

声波向前和向后的传播是相同的。

位于后方的声波

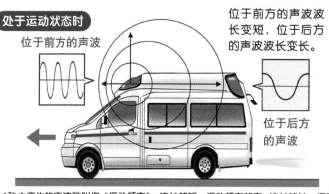

**处于运动状态时**

位于前方的声波

位于前方的声波波长变短，位于后方的声波波长变长。

位于后方的声波

＊1秒内产生的声波数叫作"振动频率"。波长越短，振动频率越高；波长越长，振动频率越低。

**要点在这里！**

由于救护车的警报声在通过前与通过后的波长发生了变化，其声音听起来也是有变化的。

**小测验**　声波的波长越短，声音越高还是越低？

### 换一种形态存在

据说，目前地球上大约有14亿立方千米的水。

这些水不断变换着各种形态，存在于地球上的各个地方，我们称之为"水循环"。

比如，水以雨或雪的形态落在地面上。然后，这些水或会被蓄积在土壤中，或从河里流入海洋。在海里，水在太阳光的照射下蒸发变成水蒸气，再在气流的作用下升到空中变成云（→p.244）。一部分云随风飘到陆地的上空，再次变成雨或雪。

如上所述，水不断以各种形态存在于地球上。因此，地球上总的水量是不会增加或者减少的。

那么，水和云为什么不会飘到高空，飞到宇宙中呢？

### 地球的重力会保住水

这是因为地球具有强大的重力。无论人还是水，都会受到来自地球将其周围的物品向中心吸引的力，也就是重力的影响。因此，水能够在地球上不断循环。而像月球这样重力比地球小的天体，其表面的水分就会逃逸到宇宙空间里。

地球

海洋

**地球上的水循环**

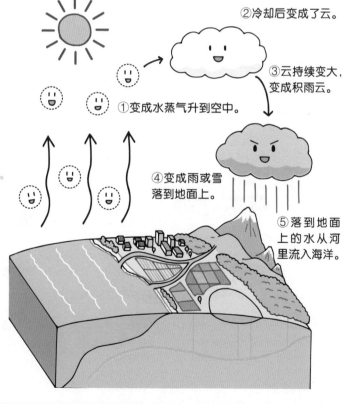

①变成水蒸气升到空中。

②冷却后变成了云。

③云持续变大，变成积雨云。

④变成雨或雪落到地面上。

⑤落到地面上的水从河里流入海洋。

越高

**要点在这里！**

水变身为水蒸气，进而变成云，最终变成雨或雪落到地面上，实现在地球上的水循环。

第246页问题答案

# 电鳗是如何产生电的?

生命

♥

鱼类

## 身体的大部分是发电器官

在世界上，存在着能够自己发电的生物。生活在南美洲亚马孙河等地的电鳗就是其中之一。

电鳗的身体呈细长的圆柱状，成年电鳗的身长约2.5米。

电鳗只有胸鳍和臀鳍，通过摆动长长的臀鳍，能够进退自如。然而，由于它居住在看不清周围环境的浑浊水域里，眼睛已经逐渐退化，几乎看不见东西。

电鳗在自己的体内产生电。产生电的器官是其体内特化的肌肉组织，占身长的五分之四。换句话说，电鳗身体的大部分都是发电器官。

电鳗的发电器官分为两种。位于尾部的发电器官产生的电较弱，而位于身体其他部分的发电器官产生的电较强。

## 发电捕获猎物

电鳗利用位于尾部的发电器官向周围释放20伏左右的弱电。这样做的目的在于探测周围的情况，因此，电鳗虽然眼睛看不见，但依然可以安全地在水中自由游动。

此外，这种弱电在捕获猎物时也会发挥作用。当发现弱电接触到小鱼时，电鳗就会利用身体上的发电器官发出高达800伏的强电，将小鱼电死后吞下去。

在感知到危险时，电鳗还会发出强电保全自身。如上所述，电鳗可以让自身产生的电发挥各种各样的作用。

> **要点在这里！**
> 电鳗身体的绝大部分是发电器官，可以发出强电和弱电。

水循环
第247页问题答案

**电鳗的发电器官**

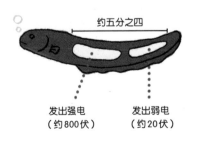

约五分之四

发出强电　　　发出弱电
（约800伏）　（约20伏）

① 猎物
弱电

② 

强电

③

首先发出弱电寻找猎物的栖身之所。找到猎物后，释放出强电将猎物电死后吞下去。

**小测验**　在电鳗的身体中，发电器官所占的比例是多少？

我最喜欢湿乎乎的地方啦！

好冷啊，我动弹不了啦……

在温暖或潮湿的地方，细菌异常活跃，食物容易腐烂变质。

在温度较低且较为干燥的冰箱里，细菌很难活跃起来，食物不容易腐烂变质。

必须从食物中获取养分！

**要点在这里！**

由于冰箱里温度较低，因此，食物很难活跃起来，因此，食物不容易腐烂变质。

## 导致食物腐烂变质的罪魁祸首

食物腐烂变质后，会散发出难闻的气味，颜色也会发生变化，就不能再食用了。导致食物腐烂变质的罪魁祸首主要是细菌—— 一种肉眼看不见的微小生物。

细菌的重量非常轻，大量飘浮在我们周围的空气中。

细菌属于生物，要靠获取营养才能生存下去。因此，它们会附着在食物上，汲取其中的营养成分，再转化为自身所需的养分。并且，它们会不断繁殖，同时将废物排出体外，这就是腐烂变质的食物会散发出难闻气味的原因。

## 细菌讨厌的东西

导致食物腐烂变质的细菌在温暖和湿润的地方最为活跃。将食物放在温暖或潮湿的地方容易腐烂变质就是这个原因。与之相反，在温度较低或较为干燥的地方，细菌很难活跃起来。因此，将食物放在温度较低的冰箱里，不容易腐烂变质。

但是，在细菌中，也有用于制作纳豆的"纳豆菌"和用于制作酸奶的"乳酸菌"等，这些都是对人类有益的细菌。

第248页问题答案 五分之四

**小测验**　导致食物腐烂变质的罪魁祸首是什么？

# 干冰加热后，为什么不会变成水？

### 干冰的真面目

当我们购买冰激凌或蛋糕这类需要保持较凉状态的食品时，会用到干冰。虽然干冰的名字里有一个"冰"字，但与普通的冰不同，干冰加热后并不会变成水。这是由于干冰本身并不是用水制成的，而是用"二氧化碳"制成的。我们呼出的气体中也含有二氧化碳。

制造干冰时，首先要用非常强大的力将平时肉眼看不到的二氧化碳从气体压缩为液体。将这种液体强力吹到空气中时，由于之前受到的力忽然消失，此时二氧化碳会变成像雪一样的小颗粒。将这些小颗粒凝固后就制成了干冰。

### 干冰冒出的白烟

干冰加热后，不会变成液体，而是会升华成二氧化碳气体，回到空气中。

将干冰放入水中，会咕嘟嘟地冒出"白雾"。这些白雾并不是二氧化碳，而是飘浮在空气中的水珠。干冰的温度是-79℃，远低于水的温度，因此被放入水中后，会受热升华。干冰在升华为二氧化碳气体的过程中，会对周围的空气进行冷却。空气中含有的水蒸气冷却后会变成水珠，看上去就像烟雾一样。

**二氧化碳与干冰**

※触摸干冰时，请务必戴上干燥的劳动手套等，防止冻伤。

干冰

冷却后就能看到我啦！

平时肉眼看不到我们哦！

干冰加热时释放出的二氧化碳会对周围的空气进行冷却。

水蒸气

干冰的温度是-79℃。

升华啦！

要点在这里！
干冰加热后会重新升华为二氧化碳气体。

**小测验**　　干冰是由什么制成的？

阅读日期（ 年 月 日）（ 年 月 日）（ 年 月 日）

生命
动物

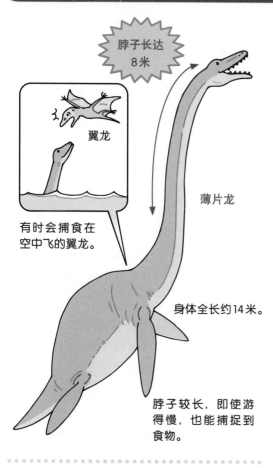

脖子长达
8米

翼龙

薄片龙

有时会捕食在
空中飞的翼龙。

身体全长约14米。

脖子较长，即使游
得慢，也能捕捉到
食物。

## 脖子的长度占了身长的一半多

在恐龙的繁盛期，有一种生活在海里的大型爬行类动物——蛇颈龙。正如名字一样，蛇颈龙的特点就是有着长长的脖子，前后肢变成了方便在海里游泳的鳍。虽然被认为是恐龙的近亲，但它是一种与蛇或蜥蜴相近似的动物，并不属于恐龙。

在蛇颈龙中，有一种脖子特别长的薄片龙。在薄片龙全长约14米的身体上，脖子的长度达到了8米。

薄片龙的颈部有76块骨骼，可以像蛇一样自由弯曲。据说，它的脖子可以缠绕三圈半。由于拥有这样可以自由弯曲的脖子，薄片龙虽然不能快速游动，但也不用在捕捉食物方面劳神费力。

## 薄片龙会吃掉翼龙

从薄片龙的胃部化石中，除了乌贼和小鱼等鱼贝类，科学家们还发现了能在空中飞行的翼龙（→p.219）的骨头。

由此人们推测，薄片龙当时可能是将长长的脖子探出水面，捕获了飞行中的翼龙，并将它吃了下去。

由于翼龙也以乌贼和鱼贝类为食，在当时，大概翼龙和薄片龙会经常因为争夺食物而发生争斗吧。

要点在这里！

薄片龙全长约14米，其中，脖子就长达8米，占了身长的一半以上。

二氧化碳 第250页问题答案

# 曲曲折折的海岸线是如何形成的?

8 月

9 日

阅读日期（　年　月　日）（　年　月　日）（　年　月　日）

地球

大地

### 陆地下沉到海里

位于日本东北地区的三陆海岸，海岸线曲折复杂，好像锯齿一样。这种地形被称为"里阿斯式海岸"。

目前认为，里阿斯式海岸所在的地方，原本是较陡的斜面山峰或山谷。

由于地球表面的"地壳"发生运动，使

海平面上升，陆地下沉到了海中，平地部分隐藏到了海底，山峰和山谷曲曲折折的形态则留在了岸边。

在距今约1万年前，地球全部被冰雪覆盖的时期结束后，冰雪融化导致海平面上升，最终使得三陆海岸变成了今天的形态。

### 形成里阿斯式海岸的条件

想要形成里阿斯式海岸，条件之一是地基必须坚硬。由于地壳变动，陆地沉到海里，曾经是山峰和山谷的地方暴露在海面上。因此，如果地基不够坚硬，山峰和山谷就会被海浪削平，无法形成曲曲折折的形态。

此外，如果附近有较大的河流，河流运来的土和砂石会逐渐堆积在入海口，最终将锯齿间的海面填平。因此，附近没有较大的河流也是形成里阿斯式海岸的条件之一。

曲曲折折的海岸线可以使海浪变得平稳，对海港而言最为合适，也能帮助渔业发展。但是，里阿斯式海岸一旦发生海啸（→p.160），就会有在狭窄的海湾内产生较高的海浪的危险。

**里阿斯式海岸的形成**

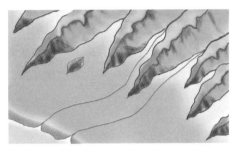

①有较陡斜面的山峰和山谷所在地发生地壳变动，海平面上升，陆地下沉。

②曾经是平地的部分沉入海中，只留下山峰和山谷曲曲折折的部分，就形成了里阿斯式海岸。

里阿斯式海岸是曾经有较陡斜面的山峰和山谷的所在地，发生地壳变动后沉到海里形成的。

**要点在这里！**

8米

第251页问题答案

**小测验**　海岸线曲曲折折，像锯齿一样的地形叫什么？

252

# 为什么被蚊子咬的时候不会觉得疼？

生命

虫

## 3根针产生连动

蚊子会把口针插入人的皮肤里，吸食在体内流动的血（血液）。那么，为什么被"针"扎到的时候我们不会感觉到疼呢？这与"针"的构造有关。

蚊子的口针并不是只有1根，而是分别位于"上唇""下唇"和"咽部"的3根，加

上位于"上颚"和"下颚"的各2根，总共有7根针。

吸食人的血液时，发挥重要作用的是位于其上唇的1根针和上唇两侧下颚部呈锯齿状的2根针。蚊子利用这3根针的连动刺入人的皮肤。

具体来说，就是位于左右下颚和上唇的口针同时配合刺入皮肤。刺入时接触到皮肤的只有下颚呈锯齿状的口针。因此皮肤几乎没有受到什么伤害，我们也不会感觉到疼痛。此外，蚊子的口针释放出的液体中也含有令人感觉不到疼痛的成分。

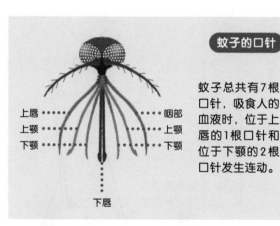

**蚊子的口针**

蚊子总共有7根口针，吸食人的血液时，位于上唇的1根口针和位于下颚的2根口针发生连动。

上唇……………咽部
上唇……………上颚
下颚……………下颚

下唇

①位于下颚的1根口针刺入的同时，牵引上唇。

②上唇的口针刺入的同时牵引下颚的2根口针。

③位于下颚的，与①相反的另1根口针刺入的同时，牵引上唇。

④下颚的2根口针拔出的同时，上唇的口针刺入更深处。

## 以蚊子的口针为原型的注射针

大家一定打过疫苗吧？恐怕有很多人害怕打针时的疼痛。实际上，现在已经制造出了模仿蚊子口针，刺入皮肤时不会感到疼的针。

在这种针的前端，有着像蚊子的下颚一样的锯齿。与普通的注射针头相比，刺入皮肤时产生的疼痛感极其微弱。目前，这种针主要用作采血针，备受人们关注。

**要点在这里！**
蚊子通过上唇与锯齿状的下颚连动消除针刺的疼痛感。

第252页问题答案
里阿斯式海岸

**小测验**　刺入时不疼的注射针是模仿什么动物的嘴制造出来的？

# 登上高山时，点心的包装袋为什么会鼓胀起来？

阅读日期（　　年　　月　　日）（　　年　　月　　日）（　　年　　月　　日）

物体的性质

空气

## 挤压空气的"气压"

把装有薯片等点心的袋子带到高山上，袋子明明没有打开，却会鼓胀起来。而且，如果不打开袋子，再把袋子带下山，会发现袋子又恢复了原状。这是由于空气挤压的力——"气压"（→p.65）不同的缘故。

在山脚下这种地势较低的地方，由于受到来自上方的大量空气的挤压，会使积聚起来的空气密度变大，空气产生的挤压的力也会变大（气压变高）。

与此相反，在山顶等地势较高的地方，与地势较低的地方相比，空气较为稀薄，空气所产生的挤压的力会变小（气压变低）。

## 来自内侧和外侧的挤压力

在山脚下时，来自袋子内部的向外挤压的力和来自袋子外部的向内挤压的力达到平衡状态。但是，随着向高处攀登，气压逐渐变低，来自袋子外部的向内挤压的力会逐渐变小，来自袋子内部的向外挤压的力逐渐变大。因此，在高山上，装点心的袋子会发生膨胀。

在山上，由于气压较低，点心袋子会膨胀起来。

要点在这里！

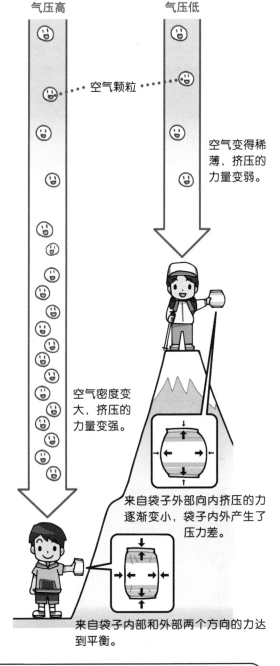

气压高　　　　气压低

空气颗粒

空气变得稀薄，挤压的力量变弱。

空气密度变大，挤压的力量变强。

来自袋子外部向内挤压的力逐渐变小，袋子内外产生了压力差。

来自袋子内部和外部两个方向的力达到平衡。

**小测验**　　袋子在高山上发生膨胀，在山脚下恢复原状，是由于什么不同的缘故？

### 实体化石和遗迹化石

提到化石，大家会想到什么呢？化石是我们在地层中发现的，很久以前的生物的身体，或者它们生存过的痕迹。

有生物的身体经过石化作用保存下来的化石叫作"实体化石"。我们最常见到的就是这种实体化石。

此外，古生物活动留下的痕迹和遗物，也就是它们的足迹或巢穴、洞穴等，叫作"遗迹化石"。生物粪便的化石就属于遗迹化石。

我们通过对这些化石进行研究，可以了解地球上曾经出现过哪些生物，以及这些生物生活的时代有着什么样的环境。

### 化石的形成方式

让我们以生活在海里的生物为例，来看一看化石的形成过程。

死亡后的生物沉到海底后，肉眼看不到的微生物会将其身体分解。留下的骨骼和牙齿等被砂土覆盖。砂土不断堆积，变成地层。经过很长时间后，埋在里面的骨骼的成分变成了石头。

后来，这种包含化石的地层隆起，露出地面。再经过风、雨、河水等不断侵蚀，最终使得化石从里面露了出来。

然而，并不是所有的生物都能变成化石。绝大多数情况下，生物的尸体会被其他生物吃掉，或者被海浪拍碎。

地球
大地

要点在这里！
对化石进行研究，可以了解曾经出现在地球上的生物，以及它们所生活的时代的自然环境。

①生物的尸体沉到海底或湖底，被微生物等分解。

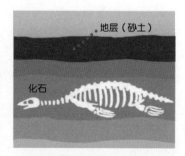

化石的形成过程

地层（砂土）

化石

②留下的骨骼和牙齿等被泥沙覆盖，形成地层。骨骼经过很长的时间变成化石。

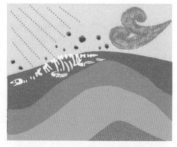

③隆起后露出地面的地层经过风吹雨打，不断被冲刷，最终露出化石，被人们发现。

气压　第254页问题答案

小测验　由生物的身体形成的化石叫什么？

# 西瓜和蜜瓜不算是水果？

生命
植物

### 蔬菜和水果的区别

蔬菜和水果主要是按照种植方式的不同加以区分的。

蔬菜种在田里，是用于食用的植物。根、叶、果实等多个部位均可食用。但是，蔬菜继续生长，开花后，基本上会在一年之内枯萎。因此，蔬菜需要每年播种、育苗和收获。这种一年以内就会枯萎的植物叫作"一年生植物"。

而那些长在树上，用于食用的果实叫作水果。比如，苹果、樱桃等都是长在树上的水果。能够结出水果的树叫作"果树"，它们不需要每隔几年移种一次。这种不会一年就枯萎，而是每年都会长出新枝叶的植物，我们称之为"多年生植物"。

按上述分类方法，西瓜和蜜瓜属于种在田里的一年生植物，因此应该被划入蔬菜的范畴。

### 但它们依然属于水果？

但是，蔬菜是做成菜肴食用的，而西瓜和蜜瓜却非常甜，通常被当作甜点来食用。因此，作为一种食品，西瓜和蜜瓜还是被划分为水果。这样的蔬菜被称为"果实类蔬菜"，草莓也属于果实类蔬菜。

换句话说，究竟属于蔬菜还是水果，要看依据什么样的标准划分，目前并没有一个明确的划分标准，且每个国家的划分标准也不尽相同。

要点在这里！

西瓜和蜜瓜是长在田里的一年生植物，因此被划分为蔬菜。

**蔬菜**

在田里种植，基本都是一年生植物。

西瓜　　　　　蜜瓜

一年生植物。由于主要作为甜点食用，被称为果实类蔬菜。

**水果**

在树上结果，多年生植物。

茄子

一年生植物。作为菜肴食用。

苹果

在树上结果，多年生植物。作为甜点食用。

**小测验**　像西瓜和蜜瓜这样的蔬菜叫什么？

# 月球正在渐渐远离地球！

## 月球远离的原因

月球是距离地球最近的天体，在距离地球平均距离约为38万千米的地方不断公转和自转。

但是，在距今约46亿年前，地球和月球之间的距离曾经只有2万千米。并且，目前月球仍在以每年约3.8厘米的速度远离地球。

月球和地球在一种叫作"引力"的力的作用下相互吸引。潮水之所以会出现满潮，也是引力在发挥作用。

当引力引发潮汐，也就是海水的移动时，海底与海水会相互摩擦，产生巨大的力。并且，这种力会对地球的自转产生阻碍作用，就好像行驶中的汽车踩下了刹车一样。

而地球的自转一旦变慢，月球的公转半径就会随之变大。换句话说，月球就会离地球越来越远。

## 月球远离地球的极限在哪里？

随着地球的自转变慢，地球与月球之间的距离也逐渐变远。在月球与地球之间的距离仅为2万千米时，地球的自转速度远比现在快得多，当时的每天只有5个小时。由此，有观点认为，从现在算起，10亿年以后，地球上的一天会长达31个小时。

还有观点认为，到那时，月球与地球之间将距离约50万千米，刚好达到最佳平衡状态，此后，将会一直保持这个距离不变。只不过到了那时，地球会变成什么样子，现在还不得而知。

地球

月球

> 要点在这里！
>
> 潮起潮落，导致海底与海水之间相互摩擦，使得地球的自转速度变慢，因此，月球正在逐渐远离地球。

好大的引力啊！

地球

月球

运转一周需要5小时左右。速度很快！

约2万千米

**很久以前（约46亿年前）**

正在以每年约3.8厘米的速度远离地球。

运转一周需要24小时！

约38万千米

**现在**

刚好达到最佳平衡状态！

地球将会变成什么样？

约50万千米

**未来**

果实类蔬菜 第256页问题答案

**小测验** ｜ 月球在以每年多少的速度远离地球？

# 粪金龟为什么要滚粪球？

生命
♥
虫类

## 守护作为食物的粪便

地球上有很多种以动物粪便作为食物的"蜣螂"，其中具有代表性的就是粪金龟。它们可以将比自己身体还大的块状粪便滚成球，在后面推着往前走。那么，粪金龟为什么要这样做呢？

对于这件事，存在几种不同的观点。有一种说法是，它们为了保护自己的食物不被其他蜣螂抢走。一旦发现动物的粪便，就会有许多蜣螂赶过来。于是，粪金龟就将粪便滚成易于搬运的圆球状，将其运到远离竞争对手的地方。

粪便中几乎没有什么营养成分。因此，粪金龟要花费大量的时间吃掉大量的粪便。为了能悠闲地慢慢享用自己的食物，它们也需要有一个远离竞争对手的空间。

## 在粪便里产卵

此外，粪便还是粪金龟幼虫的食物。搬运粪便后，雌性粪金龟会在地上挖出小洞，将粪便埋在土里。然后，将球形的粪便做成梨形状，在其顶端产卵。这样一来，从卵中孵化出来的幼虫就可以靠食用周围的粪便长大了。

> **要点在这里！**
> 据说粪金龟把粪便滚成易于滚动的球状，是为了保护食物不被抢走。

①粪金龟利用锯齿状的头部和前肢，将粪便滚成易于搬运的球状。

约3.8厘米

**粪金龟与粪便**

前肢
锯齿状的头部

②将粪球滚到没有竞争对手的地方。

③由于粪便几乎没有什么营养，它们要花费大量的时间吃掉大量的粪便。

④雌性挖出小洞，将粪便埋在土里。然后改变粪便的形状，在上面产卵。

卵　　粪便

**小测验**　蜣螂喜欢以动物的什么作为食物？

# 所谓的温室效应，究竟指的是什么？

地球

气象

## 使地球变暖的气体

在笼罩着地球的大气当中，含有一种叫作"温室气体"的气体。它具有吸收来自地球向宇宙散发的热量，并将其中的一部分热量重新传导回地面的作用。它可以帮助地球保持一定的温度，为生物打造一个易于生存的环境。但是，如果温室气体过度增加，整个地球就会变得异常温暖，这就是我们常说的地球温室效应。

温室气体分为好几种，现在出现问题的是其中的二氧化碳。

石油和天然气等"化石燃料"燃烧时，会产生大量二氧化碳。化石燃料是工厂生产和发电时所必需的物质。此外，汽车和飞机也大量使用化石燃料，并在燃烧后释放出二氧化碳。

可以说，我们生活中必不可少的化石燃料是导致地球温室效应的主要原因。

## 温度上升会导致什么后果？

有观点认为，如果像现在一样持续产生二氧化碳，到2100年，地球的平均气温会比现在提高4℃左右。

随着温室效应不断加剧，南极的冰会融化，变暖的海水会发生膨胀，导致海平面上升。恐怕会有岛屿和国家因此沉入海中。

此外，大雨和干旱等异常天气也会频繁出现，导致植物死亡，绿地减少，土地沙漠化面积增加（→p.194）。

鉴于此，我们有必要思考一下，为了防止地球温室效应的加剧，我们能够做些什么。

向宇宙空间扩散的热量

来自太阳的热量

温室气体

被温室气体吸收的热量，再次使地球变热

二氧化碳

二氧化碳

气温升高

要点在这里！

二氧化碳等温室气体增加，导致气温上升的现象，叫作地球温室效应。

第258页问题答案

粪便

| 小测验 | 二氧化碳等导致地球变暖的气体叫什么？ |
|---|---|

# 向日葵幼株会随着太阳转动

生命

植物

### 只有幼株才会转动

据说，向日葵正如它的名字一样，会追着太阳（日）转动和盛开。那么，为什么向日葵会随着太阳转动呢？

实际上，只有处于花蕾状态的向日葵幼株才会追着太阳转。有观点认为，向日葵的茎部含有一种"植物生长素"，它具有避光、刺激细胞生长的作用。向日葵茎部的生长素一见到阳光，就会跑到背光的侧面，促使侧面生长加快，向阳面则生长较慢，导致幼株随着太阳转动。

清晨，太阳从东方升起时，向日葵的幼株也朝向东方；当太阳位于天空的正上方时，向日葵也会朝向正上方；当夕阳西下时，向日葵又会朝向西方。

但是，向日葵一旦开花，茎部就会停止生长。因此，它也就不再追着太阳转了。

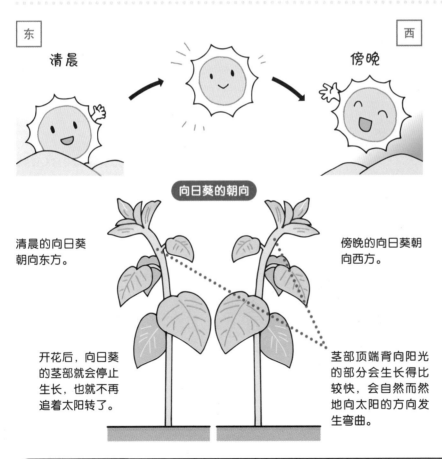

东　　　　清晨　　　　　　　　　　　　傍晚　　　西

向日葵的朝向

清晨的向日葵朝向东方。

傍晚的向日葵朝向西方。

开花后，向日葵的茎部就会停止生长，也就不再追着太阳转了。

茎部顶端背向阳光的部分会生长得比较快，会自然而然地向太阳的方向发生弯曲。

要点在这里！

向日葵幼株的茎部，位于阳光照不到的那一侧会生长得比较快。

温室气体
第259页问题答案

小测验　　向日葵幼株是由于哪个部位生长较快而导致其朝向太阳的？

# 烟花为什么会有各种各样的颜色？

## 金属中的原子发出不同颜色

烟花发出巨大的响声，发出红色、黄色、蓝色和绿色等缤纷的色彩，闪耀在黑色的夜空里。

烟花的色彩是由制造时所用的火药中含有的金属决定的。金属中的原子在高温下会发光，金属的种类不同，发出的光的颜色也不一样。比如，锶会发出红色的光，钠会发出黄色的光，铜会发出蓝色的光，钡会发出绿色的光。

## 制造颜色的火药——"光珠"

烟花在点燃前，一般被包裹在用纸制成的烟花包装中。

其中放入用于炸开烟花的起爆药，以及大量呈圆形颗粒状的火药——"光珠"。金属粉末就被掺在这些光珠里，遇到高温时，会发出各种颜色。

并且，在光珠中，会有多种不同的火药叠加在一起。不同的火药所含的金属粉末各不相同。这样一来，通过火药外壳的燃烧，光珠会在空中扩散开来，并变换出不同的颜色。

物体的性质
金属

烟花中装入了用于使烟花炸开的"起爆药"，以及产生颜色的，叫作"光珠"的火药。

光珠的截面
**烟花的内部结构**
起爆药
烟花外壳

位于光珠中的金属粉末遇高温发出各种颜色。通过几种火药的叠加，能够变换出不同的颜色。

光珠
光珠
引线

**要点在这里！**
金属粉末混合制成的火药能够变换出不同颜色的焰火。

第260页问题答案
茎部顶端背向阳光的部位

**小测验**　在空中炸开的烟花中，产生各种颜色的火药叫什么？

# 沙滩是如何形成的?

地球
大地

### 河流制造了沙滩

对于海岸上绵延的沙滩，你一定不会感到陌生，那是最适合做海水浴场的地方。沙滩上有许许多多的沙子，这些沙子主要是河流"搬运"而来的。在陆地上流淌的河流不仅将水从上游输送到下游，其中也夹杂了大量的砂土。

堆积在河口（入海口）的砂土随着海岸线海水的流动扩散开来，并且随着海浪被推到海岸上，逐渐堆积起来，就形成了沙滩。

这样形成的沙滩具有弱化海浪强度的作用。如果没有沙滩，巨大的海浪就会越过堤坝，海水就会流到城市里。此外，沙滩中的沙子里含有的微生物，还能够对被污染的海水起到净化的作用。

### 能发出声音的沙滩

在构成沙滩的沙子中，有一种叫作"鸣沙"的沙子。用脚踩上去，这种沙子会发出类似动物鸣叫的"啾啾"的声音。在遍布鸣沙的沙滩上漫步，仿佛会听到脚下的沙子演奏出美妙的乐曲。

鸣沙的主要成分是一种叫作"石英"的矿物。石英互相摩擦，就会发出声音。

但是，如果沙滩不够干净，沙滩上的石英颗粒数量不够多，就无法发出鸣沙声。因此，保持沙滩的干净整洁十分重要。

**沙滩的形成过程**

河水的流动

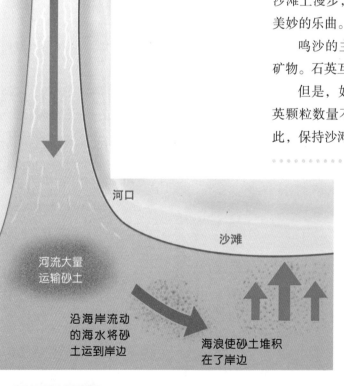

河口

沙滩

河流大量运输砂土

沿海岸流动的海水将砂土运到岸边

海浪使砂土堆积在了岸边

> **要点在这里!**
> 沙滩是河流运来的沙土在海浪的作用下堆积在海岸上形成的。

**小测验**　　鸣沙是由哪一种矿物摩擦而产生声音的?

# 被蚊子咬后，为什么会觉得痒？

生命
人体

## 消灭掉外来的异物

夏天，我们被蚊子咬过后，会有痒痒的感觉。为什么会觉得痒呢？

蚊子在吸食人体的血液时，会将自己的唾液注入人体内。这是为了防止被吸到体外的血液凝固。虽然被吸到体外的血液最终依然会凝固，但蚊子的唾液中含有使其较难凝固的成分，会延缓凝固的速度。

对于人体而言，蚊子的唾液属于外来的异物。因此，身体会努力试图消灭这种异物。此时，皮肤细胞会释放出一种叫作"组织胺"的物质。组织胺对感受痒的神经具有刺激作用，因此，人体会感觉到痒。

但是，在刚刚被蚊子咬过时，人并不会感觉到痒。这是由于蚊子的唾液中含有使人感觉不到疼和痒的成分。过一小会儿，当蚊子唾液中的成分效果逐渐消失，人体神经得到刺激，皮肤就会感觉到痒了。

## 过段时间还会感觉到痒

被蚊子咬后，即便暂时抑制了痒的感觉，过段时间还是会感到痒。导致这种现象的原因就在于血液中的"白血球"（→p.191）。白血球会大量聚集在被蚊子咬过的地方，试图消灭进入人体的异物。这样一来，血管扩张，感受痒的神经受到刺激，就会再次感觉痒。

皮肤感觉到痒的同时还会出现红肿，这是由于血液中的"血浆"聚集到了被咬的地方。而血浆的成分大部分是水，会清洗掉进入人体的蚊子唾液。

石英

第262页问题答案

**被蚊子咬的时候**

蚊子的唾液注入人体，皮肤细胞释放出的组织胺会刺激令我们感觉痒的神经。

蚊子

唾液

皮肤

令我们感觉痒的神经

组织胺

刺激

刺激

细胞

血管　血液流动的地方。

**要点在这里！**

被蚊子咬到时，蚊子的唾液注入人体内，人体试图消灭这种异物，因此，会感觉到痒。

---

**小测验**　蚊子的唾液注入人体内时，皮肤细胞释放出的物质叫什么？

# 血型与性格有关吗？

生命
人体

### 血型是由什么决定的？

你听说过"A型血的人比较认真""O型血的人心胸开阔"这样的说法吗？你觉得这是真的吗？

首先，让我们想一想，血型是由什么决定的。

在血液中，有一种叫作"红血球"（→p.191）的成分，它的作用是输送氧。我们所说的A型、B型、O型、AB型这些血型，指的就是位于红血球表面的"抗原"的种类。

如果红血球表面有"A抗原"，那么血型就是A型；有"B抗原"，血型就是B型；同时具有A抗原和B抗原，血型就是AB型；而红血球表面没有抗原的人则是O型血。

换句话说，血型不同，血液中的成分也存在细微的差异。当然，这种差异并不会决定人的性格。人的性格是在成长环境等诸多因素的共同影响下形成的。因此，即便血型相同，也存在性格完全不同的人。一定要牢记，不能简单断言"这种血型就是这样的性格"。

### 血型在什么时候有意义

血型也有具有重要意义的时候——那就是在严重受伤和接受手术时。

由于受伤或手术会导致大量出血，需要向体内输入其他人的血液。这种情况下，如果输入的血液与自身血型不同，有时甚至会导致死亡。

**A血型的红血球**

A抗原

具有A抗原

**B血型的红血球**

B抗原

具有B抗原

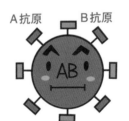

**AB血型的红血球**

A抗原　　B抗原

同时具有A抗原和B抗原

**O血型的红血球**

不具有抗原

> **要点在这里！**
>
> 性格是在成长环境等诸多因素的共同影响下形成的，血型与性格之间没有必然的联系。

组织胺
第263页问题答案

**小测验**　血型是由位于红血球表面的什么东西的种类决定的？

# 电车的轨道可以伸缩！

**物体的性质** 金属

## 轨道的铺设方式

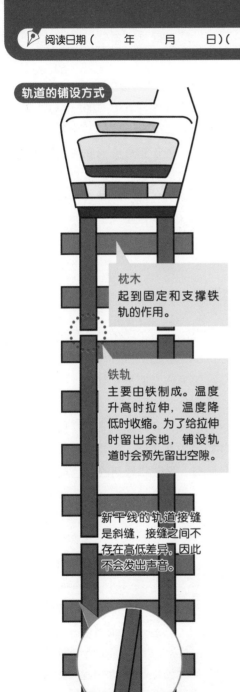

**枕木**
起到固定和支撑铁轨的作用。

**铁轨**
主要由铁制成。温度升高时拉伸，温度降低时收缩。为了给拉伸时留出余地，铺设轨道时会预先留出空隙。

新干线的轨道接缝是斜缝，接缝之间不存在高低差异，因此不会发出声音。

## 伸缩的铁轨

电车在行驶过程中，会发出"咔嗒、咔嗒"的声音。为什么会发出这种声音呢？秘密就藏在供电车行驶的"铁轨"的连接方式上。

铁轨主要是由铁制成的。铁等金属具有温度升高时拉伸，温度降低时收缩的性质。一根标准铁轨的长度是25米，当温度为10℃时，铁轨的长度是25米，但是据说，当温度上升到40℃时，铁轨的长度就会伸长9毫米左右。

然而实际上，由于铁轨被固定在了枕木上，其实际的伸缩程度会小于这个数值。

## 利用铁轨的接缝进行调整

轨道一般是由长度为25米的铁轨拼接在一起铺设而成的。但是，如果一开始就严丝合缝地拼接在一起，当铁轨发生拉伸时，接缝处就会紧紧地顶在一起，因此要预先在接缝处留出间隙。电车在通过这些间隙时，就会发出咔嗒、咔嗒的声音。

但是，有一些新干线列车却不会发出声音。这是由于新干线使用了一种长达200米以上的超长无缝钢轨。这种钢轨本身很少有接缝，在接缝的形态上也花了心思，因此，不会发出声音。

**要点在这里！** 用于制作电车轨道的铁轨会在温度的作用下发生伸缩。

抗原 第264页问题答案

**小测验** 乘坐电车时，我们听到咔嗒、咔嗒的声音，是由于铁轨的接缝处有什么东西？

265

# 巨乌贼为什么会变得那么大？

生命
动物

### 变大来保全自身

巨乌贼生活在日本附近的海域，是世界上最大的乌贼。在迄今为止发现的巨乌贼当中，最大的全长约18米。

巨乌贼生活在深海里，它们的生活对人类而言原本是一个谜。但是，2004年，人类第一次拍摄到巨乌贼在深海里游动的画面，关于它们的一些谜团也由此解开。

巨乌贼生活在水深200~1000米的地方，我们把这个深度称为"暮色带（弱光层）"。

由于暮色带处于距离海面和海底都很远的地方，即便遭到敌人攻击，也无法藏身于海草或岩石当中。因此，有观点认为，巨乌贼让自己的身体变得巨大，可能是为了在敌人面前保全自身。

### 原本生活在浅海？

有一种说法认为，现在生活在深海的巨乌贼，起初曾经是生活在浅海的小型乌贼。

巨乌贼的身体表面呈紫红色，身体内侧则是白色的。这样的颜色差异可以使敌人从海上看到巨乌贼时，会将看到的紫红色与昏暗的海水颜色混淆在一起。此外，当敌人从海底看巨乌贼时，又会将看到的白色与明亮的阳光混淆在一起，这样一来，巨乌贼就不容易被敌人发现了。

实际上，这是生活在浅海区域的生物的特征。有观点认为，由于在浅海区域，生物的食物和生存环境被不断侵夺，巨乌贼就选择了在没有竞争对手的深海生活。

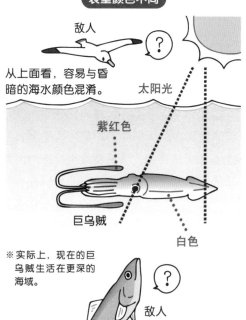

表里颜色不同

敌人

从上面看，容易与昏暗的海水颜色混淆。

太阳光

紫红色

巨乌贼

白色

※ 实际上，现在的巨乌贼生活在更深的海域。

敌人

从下面看，容易与阳光混淆。

> **要点在这里！**
>
> 有观点认为，巨乌贼在其生活的暮色带没有藏身之所。因此，它让自己的身体变得巨大，借此在敌人面前保全自身。

**小测验**　海里水深200~1000米的地方叫什么？

## 从地层了解地球的历史

在悬崖和山体表面等地形裸露的地方，我们经常会看到条纹状的图案。这种图案叫作"地层"，是由泥土和砂石等经过数万年甚至数亿年的累积而形成的。因此，一般情况下，越是位于下层的泥土和砂石，形成的年代越久远。

形成地层的物质和方式不同，地层的颜色及其所含有的物质也不同。比如，在堆积了大量火山灰的地层，就意味着在那个地层形成的年代，曾经出现过火山喷发。

此外，在地层中，还含有植物和鱼类等的化石（→p.255）。通过这些化石，我们可以了解它的形成年代及当时的环境状况。如果找到了贝类等的化石，就说明这个地区过去曾经是海或湖。另外，通过树木的化石，我们可以推测出当时森林的分布和气候状况。

## 出现弯曲的地层

根据所处的年代不同，有些地层会出现波浪状的弯曲，我们称之为"褶曲"。地层出现褶曲的原因在于地壳运动（→p.252）。

通常情况下，地层是水平堆积起来的，在其完全固化前，如果受到了横向的压缩，就会出现波浪状的弯曲。此外，有些时候，从地层中还能看出被陆地上的水等侵蚀所留下的痕迹。

要点在这里！

悬崖上的条纹状图案，是泥土、砂石和火山灰等经历了漫长岁月的累积而形成的地层。

地球

大地

距今2.5亿年前的地层

距今3.6亿年前的地层

地层露出水面，在风雨的侵蚀下表面变得凹凸不平。之后出现下沉，在其上方又形成新的地层。

出现褶曲的地层

这里是在距今3.4亿年到2.5亿年前露出海面的陆地。

暮色带（弱光层）
第266页问题答案

小测验　地层受到横向的压缩，出现波浪状弯曲的现象叫什么？

**8 月**

**25 日**

# 有能消除周围噪音的头戴式耳机！

阅读日期（ 年 月 日）（ 年 月 日）（ 年 月 日）

物质的作用

声音

### 消除噪音

在车站的站台上，四周非常嘈杂，有时候甚至会干扰我们听自己喜欢的音乐。

但是，有一些耳机具有"降噪"的功能，能够解决这一问题。

"降噪"的"降"是降低的意思，而"噪"则指的是噪音。那么，降噪功能是通过什么工作原理来消除噪音的呢？

### 波形相反的声音

声音的本质是空气的振动。这种振动以声波的形式传播。因此，只要播放与声波的波形相反的声音，声音之间就会互相抵消，达到消音的效果。

具有降噪功能的耳机外部带有麦克风，用它来收集周围的噪音。然后制出与收集到的噪音相抵消的声音，随音乐一同播放出来。这样一来，噪音就会被抵消掉，即使用很小的音量也能愉快地欣赏音乐。

但是，这种功能并不能抵消掉所有的声音。这是因为降噪功能主要消除的是振动频率较低的声音。

空调、汽车引擎、电车的声音等都属于振动频率较低，容易被抵消的声音。而人们的说话声等振动频率较高的声音是不能被抵消的。不过，也正因为如此，人们才能够在欣赏音乐的同时，不错过与其他人的交谈。

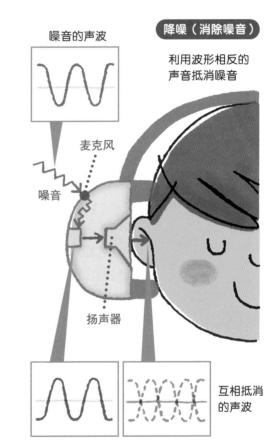

噪音的声波

降噪（消除噪音）

利用波形相反的声音抵消噪音

麦克风

噪音

扬声器

互相抵消的声波

**要点在这里！**

具有降噪功能的耳机会制造出与噪音波形相反的声音，以此来消除噪音。

第267页问题答案

褶曲

268

**小测验** 制造出波形相反的声音，以此来消除噪音的功能叫什么？

# 蝉为什么会发出那么大的叫声?

雄蝉的腹腔内

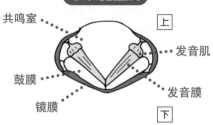

共鸣室 / 发音肌 / 鼓膜 / 发音膜 / 镜膜 / 上 / 下

发音肌收缩拉动发音膜,发音膜恢复原状时发出声音。然后利用共鸣室将声音放大,利用镜膜调整声音的大小和音调。此外,位于镜膜内侧的鼓膜能够听到和区分同伴的叫声。

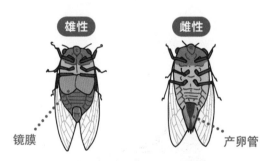

雄性 / 雌性 / 镜膜 / 产卵管

雄蝉有用于发声的巨大镜膜。雌蝉的镜膜较小,腹部末端有用于产卵的产卵管。

要点在这里!

蝉利用腹腔内的『发音肌』和『发音膜』的运动发出鸣叫声。

生命 ♥ 虫类

## 使"发音膜"产生振动

每到夏季,我们经常能听到蝉的鸣叫声。蝉的种类不同,叫声也不一样。

不过,蝉虽然会发出叫声,却与其他动物不同,它不是用嘴,而是用腹部发出声音的。

蝉发出声音时,利用的是位于腹部的"发音肌"和"发音膜"。

雄蝉通过发音肌的收缩,使发音膜产生振动,从而发出声音。为了能够让发音膜大幅振动,雄蝉的腹部都是空空的。

此外,在发音膜振动的同时,蝉会利用位于腹腔内的"共鸣室"将声音放大。声音被放大后,再利用覆盖在腹部的"镜膜"来调节声音的大小和音调。

## 通过鸣叫来吸引雌性

只有雄蝉才会鸣叫,雌蝉是不叫的。

雄蝉会发出巨大的鸣叫声,以吸引周围的雌性来交尾。蝉的成虫的寿命只有短短的2～3周,它们必须在这短暂的时间里繁衍后代。因此,雄蝉会发出巨大的鸣叫声吸引雌性,即"求偶声"。

此外,当雄蝉想要干扰其他的同类时,会发出一种比求偶声短的干扰性鸣叫声;在遭到敌人攻击时,会发出警告性鸣叫声。如上所述,蝉会根据不同的场合发出不同的鸣叫声。

第268页问题答案 降噪功能

小测验 | 蝉发出声音的是头部、胸部还是腹部?

# 洞窟是如何形成的?

地球
大地

## 洞窟的种类

所谓洞窟,指的是延伸到地下深处的奇妙空间。由于形成的方式不同,洞窟主要可以分成三种类型。

"熔岩洞"是由于火山喷发而形成的洞窟。火山喷发时喷出的熔岩,虽然表面已经冷却凝固,内部却依然涌动着带有热量的熔岩。这种流动的熔岩所形成的管道最终成了洞窟。

"海蚀洞"是在海浪的作用下,岩石逐渐被侵蚀而形成的洞窟。巨浪的力量将岩石上相对脆弱的部位击碎,留下"天花板",不断扩展内部空间。

"钟乳洞"多产生在由石灰岩构成的地面上。石灰岩具有遇到雨水或地下水发生溶解的性质。因此,被雨水溶解的石灰岩被地下水进一步溶解侵蚀,就形成了洞窟。

钟乳洞     海蚀洞     熔岩洞

雨水

雨水浸入导致石灰岩溶解

海浪

海浪的力量侵蚀岩石

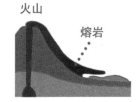

火山

熔岩

火山喷发导致熔岩流出,表面冷却凝固

石灰岩被地下水进一步溶解侵蚀,就形成了洞窟

岩石上脆弱的部分被逐渐侵蚀,形成了具有开阔空间的洞窟

内部的熔岩流出,中间空出来的部位就形成了洞窟

> 要点在这里!
>
> 根据形成的方式不同,洞窟主要分为三种类型。

腹部
第269页问题答案

小测验    由于海浪的力量侵蚀岩石而形成的洞窟叫什么?

# 为什么皮肤暴晒后会脱皮？

阅读日期（　　年　　月　　日）（　　年　　月　　日）（　　年　　月　　日）

生命 人体

## 在紫外线下保护皮肤

夏季，如果我们每天都在游泳池里游泳，皮肤就会被晒黑，导致颜色变深。这是太阳光中含有的一种叫作"紫外线"的光（→p.357）的缘故。

紫外线会伤害皮肤。于是，皮肤中一种叫作"黑色素细胞"的细胞就会产生"黑色素"，这种色素就是皮肤变黑的原因所在。黑色素集中在皮肤表面，吸收紫外线，保护细胞。保护皮肤的黑色素逐渐增加，皮肤的颜色也就变深了。

然而，如果在短时间内接触了大量的紫外线，有时会出现黑色素无法吸收掉全部紫外线的情况。这时，皮肤就会变红，甚至被晒伤。

### 暴晒时

①紫外线试图伤害皮肤。

②皮肤中的黑色素细胞产生黑色素。

③为了吸收紫外线，黑色素聚集在皮肤表面附近，皮肤的颜色就会变深。

紫外线

黑色素

黑色素细胞

### 皮肤脱落

老旧的细胞

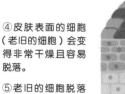

④皮肤表面的细胞（老旧的细胞）会变得非常干燥且容易脱落。

⑤老旧的细胞脱落（表皮脱落），长出新生细胞。

新生细胞

## 老旧的细胞脱落

皮肤被太阳暴晒后，过一段时间，就会脱皮。这是皮肤细胞出现了新老更替的缘故。在皮肤表面，老旧的细胞死去，会变成坚硬的角质层。当这些老旧的皮肤细胞脱落时，就会出现脱皮的现象。

经过暴晒的皮肤，表面的细胞会变得非常干燥且容易脱落，因此，表皮会呈片状脱落下来。

此外，由于脱落的皮肤细胞中含有黑色素，在这层皮肤脱落后，身上的皮肤又会恢复本来的颜色。

另外，我们在浴池里搓澡时，从身上搓下的污垢里面含有大量老旧的细胞。

**要点在这里！**
暴晒后的皮肤表面的老旧细胞会变得非常干燥且容易脱落，因此会出现脱皮的现象。

海蚀洞

第270页问题答案

**小测验**　黑色素细胞产生的色素叫什么？

# "能睡的孩子长得快" 是真的吗？

生命
♥
人体

### 分泌生长激素

你听说过"能睡的孩子长得快"这句话吗？这是千真万确的事实。

我们的身高是随着体内分泌的一种叫作"生长激素"的物质而逐渐长高的。而生长激素在睡觉时分泌最为旺盛。因此，夜里好好睡觉对于身高而言至关重要。

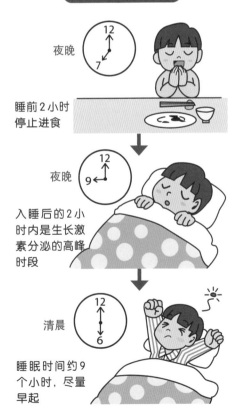

**生长激素的产生原理**

夜晚
睡前2小时停止进食

夜晚
入睡后的2小时内是生长激素分泌的高峰时段

清晨
睡眠时间约9个小时，尽量早起

据说，小学生的理想睡眠时间约为9个小时。如果因为沉迷游戏和电脑而导致睡眠时间缩短，生长激素的分泌就会受到影响，这一点希望引起家长和孩子的注意。

此外，干净、舒适的枕头和床，可以让我们睡得更香。但是，如果吃过晚饭马上入睡，有时会由于食物没有被很好地消化而导致睡眠质量不佳。最好在睡前2小时停止进食。

入睡的时间也非常重要。如果入睡时间过晚，体内分泌的生长激素的量也会随之减少，因此，最好做到早睡早起。

### 成年人也需要生长激素

生长激素的作用不仅限于身高的增长，还可以让体内的一些物质转化为其他物质，制造生物体所需的能量，促进身体的"代谢"功能。举例来讲，骨骼的代谢功能得到促进后，骨骼的重量会增加，同时会促进一种叫作"蛋白质"的物质的分泌，从而增加肌肉量。由此可见，生长激素在维持身体健康方面也发挥着重要作用。

**要点在这里！**
能够使身体长高的生长激素在入睡时分泌最为旺盛，因此，「能睡的孩子长得快」这句话是有道理的。

第271页问题答案
黑色素

**小测验**　体内分泌出的什么物质能让身体长高？

# 天气预报的准确率如何?

有山的地方多会产生形成云的上升气流,容易出现积雨云。因此,有巨大山脉的地区比较容易预测降雨。

冲绳地区地势平缓,很少有大型山脉,很难预测会出现积雨云的地区。

## 季节不同,准确率也不一样

日本气象厅发布的天气预报(降水概率),全年的准确率约为83%。由于应用了人造卫星、雷达、超级计算机等先进的科学技术成果,预报准确率已经比过去大大提高了。

然而,季节不同,天气预报的准确率也会出现一些差异。尤其是在夏季(7月),日本全国的天气预报平均准确率为79%,较其他月份略低。

在日本的夏季,经常在傍晚时分、一小部分区域内下短时暴雨,这种情况利用现有技术很难预测,是导致准确率略低的原因之一。

## 天气预报较难预测的地区

天气预报的准确率不仅会随季节发生变化,地区不同,预报的准确度也会有差异。

冬季(1月),北海道的天气预报准确率约为71%,远低于日本全国的平均水平。这是由于在北海道,带来降雪的云集中在一个较为狭窄的区域内,很难预测。此外,北海道地域辽阔,很难预测云产生的区域。

另外,冲绳地区是由大量岛屿组成的。由于这里没有大型山脉等导致降雨出现的地形,预测降雨地点非常困难。也正是这一缘故,冲绳地区降雨预报的准确率也要低于其他地区。

**要点在这里!** 日本全年的天气预报平均准确率约为83%,但具体准确率因季节和地区而异。

地球 气象

第272页问题答案 生长激素

**小测验** 在日本,哪个季节很难预报天气,天气预报的准确率低于全国的全年平均值?

# 加了盐的蔬菜为什么会变蔫?

物体的性质

物体的构造

## 细胞里的水分跑了出来

日本有句俗语叫作"给青菜撒盐"，形容原本活力十足的人忽然变得无精打采、垂头丧气。

在这句俗语中，用新鲜的"青菜（绿叶菜）"加了盐变蔫的样子来形容人。那么，为什么蔬菜加了盐会变蔫呢?

在蔬菜中加入盐，溶解后的盐水会与蔬菜细胞中的水分通过细胞膜混合在一起。由于盐水的浓度要高于蔬菜中的水分，二者会通过混合变成相同的浓度。

但是，盐的颗粒无法通过植物的细胞膜。细胞膜上的孔非常小，只有水分子才能由此进出。

这样一来，就导致蔬菜中的水分跑到了细胞外面，蔬菜也就因此变蔫了。

## 蛞蝓也变小了
kuò yú

雨后，我们经常能见到蛞蝓。如果在它身上撒上盐，它也会变小，就好像蔫了一样。这与蛞蝓的身体构造有关。

蛞蝓体内大约90%是水分。而且，由于蛞蝓没有皮肤，为了防止身体表面干燥，它会分泌出黏糊糊的液体。被撒上盐后，这些黏液就会变成盐水，将蛞蝓体内的水分置换出来。如果撒的盐过多，就会导致蛞蝓死亡。

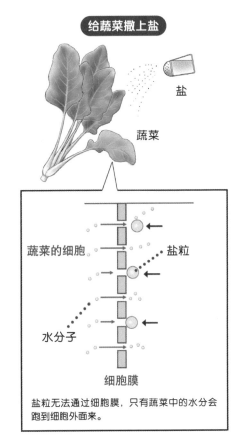

给蔬菜撒上盐

盐

蔬菜

蔬菜的细胞

盐粒

水分子

细胞膜

盐粒无法通过细胞膜，只有蔬菜中的水分会跑到细胞外面来。

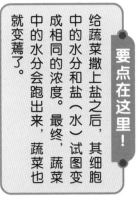

要点在这里!

给蔬菜撒上盐之后，其细胞中的水分和盐（水）试图变成相同的浓度。最终，蔬菜中的水分会跑出来，蔬菜也就变蔫了。

第273页问题答案

夏季

小测验　日本有一句关于蔬菜的俗语，是形容原本活力十足的人忽然变得无精打采、垂头丧气的样子，这句话是什么?

# 9 月故事

# 地震是如何形成的？

阅读日期（　　年　　月　　日）（　　年　　月　　日）（　　年　　月　　日）

地球

大地

## 板块交界处的力

地球表面被十几块巨大的，由岩石构成的板状物覆盖着，我们称其为"板块"。

因为板块是缓慢移动的，所以在板块与板块的交界处，会产生互相挤压或牵引的力。在这种力的作用下，会发生地震。

日本位于多个板块的交界处，其中既有大陆板块，又有海洋板块。因此，在日本发生地震的原因主要有两个。

当海洋板块下潜至大陆板块下方时，大陆板块会被拖拽，当拖拽达到极限，大陆板块就会猛烈地向上凸起。这是地震发生的第一个原因。这种情况下发生的地震被称作"海沟型地震"。

此外，当海洋板块下潜时，所产生的力会导致大陆板块内部和表面的岩盘出现破裂。

这是地震发生的第二个原因。这种情况下发生的地震被称作"内陆型地震"。

海沟型地震比内陆型地震的规模更大。但是，如果在发生内陆型地震时，地震发生的起始位置（震源）较浅，那么受影响范围内的强度就更大。

## 板块与地幔

那么，为什么板块会发生移动呢？板块之所以会不断运动，是位于地球内部，被称为"地幔"的岩石层（→p.80）在热量的作用下缓慢熔合的缘故。正是这种地幔的运动引发了板块的运动。

> **要点在这里！**
> 之所以会发生地震，是位于板块交界处，挤压或牵引的力的作用。

**海沟型地震**

反弹！

大陆板块　　向上凸起　　海洋板块

一旦弯曲达到极限，大陆板块就会猛烈地向上凸起。

**内陆型地震**

破裂啦！

轰！

断层

海洋板块的内部和陆地表面的岩盘发生破裂，形成断层。

下沉了。

**小测验**　地震有两种类型，一种是"海沟型地震"，另一种是什么？

# 有一种服装是模仿长颈鹿的腿做成的！

阅读日期（ 年 月 日）（ 年 月 日）（ 年 月 日）

生命 动物

## 向腿部施加压力的服装

坐在飞机里的飞行员和坐在火箭里的宇航员，当飞机快速升空和火箭发射时，会受到强大的重力作用。在重力的作用下，他们会感觉体重似乎变成了平常的好几倍。我们用字母"G"来表示重力，当体重变为原来的2倍时，我们将其表达为2G。

一旦产生重力（G），血液就会向身体的下方集中，导致大脑供血不足，产生眩晕等感觉。

为了防止出现这种情况，人们发明了模仿长颈鹿腿部构造的服装。覆盖在长颈鹿细长腿部的皮肤会一直向腿部施加压力。这样一来，血液就不会集中在腿部，而是被向上挤压。

穿上像长颈鹿的皮肤那样向腿部施加压力的服装，飞行员和宇航员就能够实现体内血液的正常流动了。

## 长颈鹿巨大的心脏

长颈鹿从头到脚的长度约为5.5米。因此，它们必须要拥有合适的身体构造，使血液能够从头到脚很好地循环。

另外，长颈鹿负责输送血液的心脏重达10千克以上。这样巨大的心脏能够帮助长颈鹿把血液输送到大脑和腿部末端。

長頸鹿

约2～3米

心脏

重达10千克以上

血液

骨骼　皮肤

肌肉

压力

重力

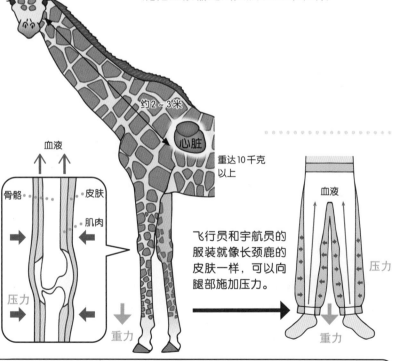

飞行员和宇航员的服装就像长颈鹿的皮肤一样，可以向腿部施加压力。

血液

压力

重力

**要点在这里！** 飞行员和宇航员的服装就像长颈鹿的皮肤一样，可以向腿部施加压力。

内陆型地震　第276页问题答案

**小测验**　飞行员和宇航员的服装可以向身体的哪个部位施加压力？

277

# 什么样的地方会刮风?

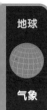

地球

气象

### 刮风的原因

刮风需要一定的条件,那就是——具有不同温度的空气。

风的本质是空气的流动。空气具有温度上升时膨胀变轻,温度下降时收缩变重的性质。

空气在太阳的照射下受热变轻,就会不断上升。上升的空气在高空冷却变重,又会产生下沉。下沉的冷空气会流向由于空气受热上升而导致空气稀薄的地方。此时而产生的空气流动就是风。

### 刮风的地点

地球上的任何地方都会由于空气的温差而出现刮风的现象。

举例来讲,在海岸附近,白天会刮"海风",夜晚会刮"陆风"。

白天,陆地上的空气在阳光的照射下受热上升,而海上由于受热比陆地上要困难,空气会在海上冷却下沉。这样一来,就会刮起从海上吹向陆地的海风。到了没有太阳的夜晚,由于与陆地上相比,海上的空气更为温暖,就会刮起从陆地吹向海上的陆风。

此外,在山的斜面上,白天会刮起"谷风",夜晚则会刮起"山风"。

白天,斜面上的空气在太阳的照射下变得温暖,从山谷间向山顶上升,这就是谷风。

到了夜晚,由于气温下降,空气冷却变重,会从山顶向山谷间下沉,这就是山风。

除此之外,在大陆与海洋之间,会在夏季和冬季刮起风向不同的"季风",还有围绕整个地球刮起的巨大带状的风,我们称其为"偏西风"和"信风"。

**海岸附近刮风的原理**

冷空气

陆风

好轻啊!

温暖的空气

好重啊……

海风

空气在太阳的照射下受热上升,到了高空冷却变重,开始下降,会流向空气较为稀薄的地方。

> **要点在这里!**
> 风会产生于存在空气温差的地方。

第277页问题答案

**小测验** 海岸附近刮起的是海风和什么风?

生命

虫类

## 产生了空气旋涡

蜻蜓是昆虫中数一数二的飞行好手。

蜻蜓能够在分别扇动四个翅膀的同时，突然改变飞行方向，或者悬停在空中，还能翻筋斗。凭借着出色的飞行能力，蜻蜓可以捕捉到在空中飞行的小昆虫。

蜻蜓更了不起的地方在于：无论风力强弱，都能自由飞翔。那么，这其中蕴藏着什么奥秘呢？

仔细观察蜻蜓的翅膀，会发现其表面是凹凸不平的。蜻蜓飞行时，这些凹凸不平的地方会形成许多小的空气旋涡，能够应对各种类型的风。

由于具有空气旋涡，即便在风力强劲的时候，蜻蜓翅膀周围的气流也不会变乱，能够自由飞翔。此外，在风力较弱时，这些小旋涡可以使空气向翅膀后方流动，进而使翅膀受到向上的力，得以飞行。并且，由于蜻蜓具有很长的腹部（尾巴），使得在刮起横向吹的风时，也能平稳飞行。

## 以蜻蜓为原型制作的风车

根据蜻蜓的上述特点，人们开发出了无论风力强弱都能发电的"微风发电机"。

目前在日本广泛使用的用于风力发电的风车，在遭遇台风等风力过强的情况时，为了防止出现损坏，会停止工作。在风力较弱时也无法工作。然而，微风发电机则拥有表面凹凸不平的叶片，可以根据风的情况发生变形，在风的作用下持续工作。因此，无论是在台风还是每秒30米的微风下，都能持续转动。

蜻蜓

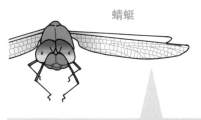

**翅膀的截面**

翅膀周围的空气

空气旋涡

由于具有空气旋涡，即使风力强劲，翅膀周围的气流也不会变乱；在风力较弱时，小旋涡可以使空气向翅膀后方流动，从而得以飞行。

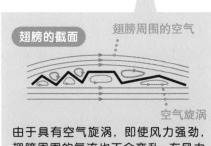

微风发电机
有4片表面凹凸不平的叶片。

**要点在这里！**

由于蜻蜓的翅膀表面凹凸不平，能够形成空气旋涡，无论风力强弱都能平稳飞行。

陆风

第278页问题答案

**小测验** 以蜻蜓翅膀为原型的风车是用作什么用途的？

# 很久以前的植物，为什么会完好地保存下来而没有腐烂呢？

地球
大地

## 原来的树叶形状至今仍保存完好

提到化石，或许很多人想到的都是恐龙化石，但实际上，地球上还曾经发现过植物的化石。

平常稍稍用力就能折断或破碎的植物，为什么能以化石（→p.255）的形式存在数万年乃至数百万年呢？

在植物化石中，让我们来看一看保持着漂亮造型的"叶子化石"吧。

**叶子化石**
在湖里随泥土一起累积起来的树叶在地层中保持了其原有的形态。

**硅化木**
浸入树干中的硅酸将树木的成分置换了坚硬的物质，保持其原本的形状。

在日本栃木县的"盐源湖成层"中，曾经发现了叶子化石。这一地层位于湖中，是由周围的泥土、砂石、河泥和火山灰等构成的，其中也夹杂了水中的硅藻（→p.108）等的残骸。

这一地层形成时，流动到这里的泥土中也夹杂着落叶。这些被夹在地层中的叶片在湖底随地层一起变硬，就形成了保持原状的化石。

## 改变了树木成分的化石

此外，还有一种以树木原本的模样保存下来的化石，我们称其为"硅化木"。

这是由于被埋在泥土中的树干浸泡在含有"硅酸"成分的地下水中形成的。硅酸在漫长的岁月里进入了树木细胞的内部，使得树木的细胞发生了改变。这样一来，树木的成分就发生了彻底的改变，变成了非常坚硬且不会腐烂的化石。这种化石既像树木又像石头，因此被称为"木化石"。

> **要点在这里！**
> 被封存在湖底的地层中，由于成分的改变使得植物变成了不会腐烂的化石。

**小测验**　保持树木原本模样的化石，称为什么？

# 没有土壤也一样可以种出蔬菜！

## 植物必需的东西

植物为了生长，会进行"光合作用"。这是一种利用太阳光，从水和空气中的二氧化碳里制造营养成分的过程。植物利用这种自身制造出的营养成分和从根部吸收到的土壤中的营养成分生长。

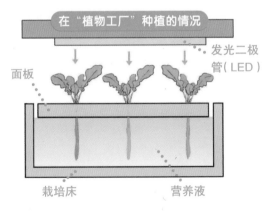

利用土壤生长的情况

二氧化碳

水

太阳光

土壤

作为支撑植物的底座，同时也储存水分和养分。

利用太阳光，从水和二氧化碳中制造营养成分。

在"植物工厂"种植的情况

面板

发光二极管（LED）

栽培床    营养液

对于植物而言，土壤是一种具有各种功能的物质。它既可以作为防止植物倒伏的底座，又可以储存植物生长所需的水和养分，而且还包含了植物利用根部呼吸时所必需的空气。

然而，在没有土壤的情况下，只要有能够支撑植物的底座和水，以及营养成分，也能让植物正常生长。换句话说，没有土壤也一样能种出蔬菜。

有一种利用溶解了肥料的水（营养液）来种植蔬菜的方法，叫作"无土栽培"。西红柿、草莓等都可以利用无土栽培的方式培育出来。

## 连太阳光都不需要？

除了"无土栽培"，在日本的一个叫作"植物工厂（蔬菜工厂）"的地方，正在进行不需要太阳光的蔬菜种植。

用来替代太阳光的是一种叫作发光二极管（LED）的人造光源。这种人造光源能够根据植物光合作用的需要合成不同颜色的光，能够高效种植蔬菜。

除照明外，在植物工厂，还营造了适合植物生长的环境，能够不受季节和气候的影响种植蔬菜。

**要点在这里！**
只要有能够支撑植物的底座和水，以及营养成分，即使没有土壤，植物也能正常生长。

生命

植物

硅化木

第280页问题答案

**小测验**　植物生长有三个必备的因素，分别是水、二氧化碳和什么？

# 为什么用放大镜可以借助太阳光把纸烤焦？

物质的作用

光

## 聚集太阳光

大家有没有过用放大镜将太阳光聚在纸上，把纸烤焦的经历？天气好的时候，只需几秒，纸就会变得焦煳。为什么用放大镜能够把纸烤焦呢？

用于制作放大镜的镜片叫作"凸透镜"，其中心部分是凸起的。当光通过凸透镜时，不会沿着直线传播，而是会发生弯曲。我们将这种现象称为"折射"。通过凸透镜发生了折射的光具有聚集在一处的性质。因此，太阳光通过放大镜后，会聚集在一处。

## 为什么会变热？

利用凸透镜聚集在一处的光量与凸透镜的面积是成一定比例的。放大镜的直径变为原来的2倍时，聚集的光量是原来的4倍。此外，改变镜片与纸之间的距离，光照在纸上的面积也会发生变化。纸面上的光面积越小，单位面积聚集的光量也就越多。

太阳光具有照在物品上使其发热的作用（→p.42），因此，当太阳光聚集在一处时，这个地方的温度就会升高。

换句话说，只要很好地调整放大镜与纸之间的角度和距离，将光聚集在一个点，这个地方的温度就会变得非常高。用直径10厘米左右的放大镜，就能够轻松地烤焦和点燃纸张。

如果使用黑色的纸，就能够比白纸吸收更多的热量，温度就会迅速升高，也就更容易被烤焦。

太阳光通过放大镜的镜片时发生弯曲，聚集在一处。此时，尝试上下移动放大镜，聚集的光线面积会发生变化。

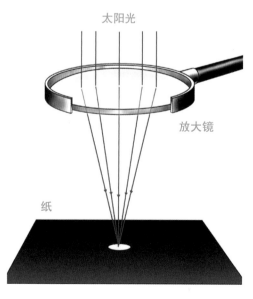

太阳光

放大镜

纸

光聚集在一个点，放大镜下的纸温度会变高。

> **要点在这里！**
> 利用放大镜将光线聚集在纸面的一处，被光照到的地方会由于高温而导致纸面焦煳。

小测验　经过凸透镜的光线不会沿直线传播，而是发生弯曲的现象叫什么？

# 牙齿比铁还要坚硬！

阅读日期（　　年　　月　　日）（　　年　　月　　日）（　　年　　月　　日）

## 身边物品的莫式硬度

※ 数字越小，表示物体越柔软；数字越大，表示物体越坚硬。

 1 粉笔

 6 蛋白石

 2 岩盐

 7 牙齿
牙釉质　象牙质　牙髓

 3 珊瑚

 8 绿宝石

 4 铁

 9 红宝石

 5 玻璃

 10 钻石

牙髓中有丰富的神经和血管，为牙齿提供氧和营养，坚硬的牙釉质可以很好地保护牙髓。

**要点在这里！**

覆盖在人类牙齿表面的『牙釉质』比铁和玻璃还要硬。

## 人体最坚硬的地方

你认为人体最坚硬的地方是哪里呢？答案并不是骨头。人体内还有比骨头更坚硬的器官，那就是牙齿。

"莫氏硬度"是表示物体硬度的基准。根据这一基准，人类牙齿的硬度相当于7级（硬度从小到大分为10级，数字越大硬度越高），铁的硬度是4，玻璃的硬度是5。由此可见，牙齿比铁和玻璃还要坚硬。

但是，能够达到莫氏硬度7级的只是覆盖在牙齿表面的牙釉质，位于牙釉质内部的象牙质，硬度在5～6之间。

牙釉质之所以这么坚硬，是因为在象牙质内部，有一个叫作"牙髓"的部位。牙髓中有丰富的神经和血管，是为牙齿提供氧和营养的重要部位，而坚硬的牙釉质能够很好地保护牙髓。

## 腐蚀牙齿的链球菌

有一种细菌能够腐蚀牙釉质的成分，最终形成蛀牙，它就是附着在牙齿表面的链球菌。这种细菌能够利用食物中所含的"糖分"制造出"酸"，腐蚀牙齿。这种现象叫作"脱釉"。

一般情况下，被酸腐蚀的牙齿会在唾液的作用下恢复原状，但是一旦脱釉的速度加快，牙齿无法复原，就会形成蛀牙。

折射　第282页问题答案

**小测验**　覆盖在人类牙齿表面的坚硬物质叫什么？

9 月
9 日

# 龙卷风是如何形成的?

地球

气象

## 龙卷风形成的原理

龙卷风是一种空气高速旋转，引发强风的现象。

龙卷风通常发生在由台风或低气压（→p.65）导致形成了"积雨云"的时候。积雨云是在温暖的空气下方侵入了冷空气，引发向上的气流所形成的云。

在变大的积雨云下方，风从各个方向吹过来，导致向上的气流发生旋转，形成旋涡。这个旋涡就是龙卷风。此外，一旦发生龙卷风，就会形成漏斗形状的云。

## 龙卷风的力量非常强大

虽然龙卷风发生的时间很短，却有巨大的破坏力。龙卷风能够把卡车和房子直接卷走，还会导致树木断裂、列车出轨等。

此外，向上的气流会带动被吸入的瓦砾和石块以极快的速度做螺旋状运动，造成破坏。

但是，由于龙卷风的出现和消失都极其突然，关于龙卷风的构造，目前还有许多未解之谜，尚不能做到准确预测。只能在出现太阳被遮挡，天色变暗，雷声隆隆等天气变化时，留意可能出现的龙卷风。

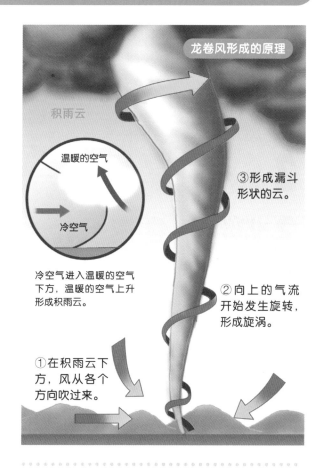

龙卷风形成的原理

积雨云

温暖的空气

冷空气

冷空气进入温暖的空气下方，温暖的空气上升形成积雨云。

③形成漏斗形状的云。

②向上的气流开始发生旋转，形成旋涡。

①在积雨云下方，风从各个方向吹过来。

要点在这里！

在变大的积雨云下方，不同风向的风吹过来，导致向上的气流形成旋涡，就产生了龙卷风。

牙釉质
第283页问题答案

小测验　　导致龙卷风形成的云叫什么名字?

# 水母的身体为什么是透明的？

阅读日期（ 年 月 日）（ 年 月 日）（ 年 月 日）

生命 ♥ 动物

## 透明的啫喱状物质

在水族馆，我们能看到各种各样的水母。

水母身体的95%以上都是由水分构成的。它们虽然没有骨骼，但利用了一种叫作"中胶层"的啫喱状物质来保持自身的形状。由于这种中胶层是透明的，水母看起来也是透明的。

漂浮在水中的水母

### 水母的身体

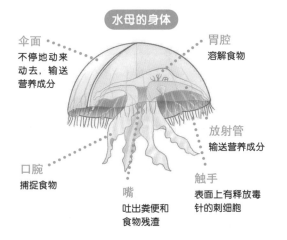

伞面
不停地动来动去，输送营养成分

胃腔
溶解食物

放射管
输送营养成分

口腕
捕捉食物

嘴
吐出粪便和食物残渣

触手
表面上有释放毒针的刺细胞

虽然水母的身体很容易破碎，但目前的观点认为，水母出现的年代甚至比恐龙还要早得多，它们生活在距今6.5亿年前的海洋里。

## 水母的身体构造

水母以小型浮游生物和小鱼等为食。对浮游生物，水母会直接将其吞食掉。遇到小鱼的时候，水母会在接近它们的时候利用毒针将其刺中，待鱼的力量变弱后再将其吃掉。在水母圆圆的伞面边缘，生长着大量的触手。在这些触手表面，有大量能够释放出毒针的"刺细胞"。据说，一只水母拥有的刺细胞数量多达数十亿个。

水母的嘴位于伞面内侧，但它们没有专门的排泄通道。因此，从嘴里吃进去的食物经过消化变成粪便和食物残渣后，会同样从嘴里吐出来。

此外，人类是利用来自心脏的血液将人体所必需的营养成分输送到全身的，而水母没有心脏，全身也没有血液流动。水母将进入嘴里的食物在"胃腔"里溶解消化，其中的营养物质通过与胃腔相连的"放射管"被输送到体内各处。此时，为了输送营养成分，水母的伞面会不停地动来动去。

**要点在这里！**
由于保持体形的物质是透明的，水母看起来也是透明的。

积雨云

第284页问题答案

# 转动棒球棒比力气大小，手握哪一端的人会赢？

物质的作用
力

## 杠杆原理起作用

你有没有尝试过跟别人一起，分别拿着棒球棒的两端，通过转动棒球棒比力气？

此时，如果你拿着球棒较粗的一端，而对方拿着球棒较细的一端，你会更容易获胜。即使对方是个成年人，结果也一样。按理说，成年人的力气应该更大才对，为什么却无法获胜呢？

虽然棒球棒的截面是圆形的，但施力的部位距离圆心越远，转动所需的力量就越小。

举例来讲，当距离圆心的距离变为原来的2倍时，转动球棒所需的力就变成了原来的二分之一；当距离圆心的距离变为原来的3倍时，转动球棒所需的力就变成了原来的三分之一。这就叫作"杠杆原理"。利用杠杆原理，只用很小的力就可以撬动很大的物体。

## 较粗的一端用力较小

与较细的一端相比，棒球棒较粗的一端施力的部位距离圆心更远。当棒球棒较粗的一端半径为4厘米，而较细的一端半径为2厘米时，手握较粗一端的人只需要用较细那一端的人一半的力气，就能够与对方的力量达到平衡。只要使出的力略大于对方的一半，就能够获胜。

除此之外，还有很多地方用到了杠杆原理。拧螺丝用到的改锥，其手持部分（施力部位）较粗，因此，用很小的力就能拧动螺丝。

### 利用棒球棒比力气

在棒球棒较粗的一端，用很小的力就可以使其转动。

4厘米

在棒球棒较细的一端，必须用很大的力才能使其转动。

2厘米

较粗的一端

较细的一端

**要点在这里！**
转动棒球棒的两端比力气时，握着较粗的一端的人更容易获胜。

**小测验** 握着棒球棒较粗一端的人在比力气时更容易获胜，其原因可以用什么原理来解释？

# 宇宙是如何形成的?

**9 月**

**12 日**

阅读日期（　　年　　月　　日）（　　年　　月　　日）（　　年　　月　　日）

**宇宙的历史**

一个小点
迅速膨胀

通过大爆炸，
宇宙空间进一
步膨胀，此时
诞生了物质

数亿年后
诞生了星星。
星星聚集在一
起形成了银河

约 90 亿年后，银
河系中诞生了太
阳和行星

地球
宇宙

## 突然诞生的宇宙

在既不存在空间也不存在物质的状态下，诞生了一个点，然后这个点迅速膨胀。目前的科学观点认为，这就是宇宙的起源。

迅速膨胀的宇宙在大量能量的作用下，变得像高温的火球一样。我们将其称作"大爆炸"。在此之后，宇宙在逐渐膨胀的同时，缓慢地冷却了下来，并在其中诞生了作为所有物质基础的小颗粒，在这些颗粒中最终产生了氢、氦等物质。

## 银河的诞生过程

宇宙诞生后，经过数亿年时间，飘浮在宇宙空间里的物质和气体大量聚集在一起，就诞生了星星。随着星星陆续诞生，最终形成了星星大量聚集的地方，即银河（→p.218）。

在宇宙诞生大约90亿年后（距今约50亿年前），在银河之一的银河系中，出现了一颗星，它就是后来的太阳。我们称其为"原始太阳"。原始太阳不断吸引周围的物质和气体，使其逐渐成长为如今的太阳。并且，被太阳吸引的物质不断碰撞、结合，最终形成了行星。

这样经历了漫长的岁月后，就形成了今天的宇宙。而且，直到今天，宇宙还在不断地膨胀和扩大。

**要点在这里！**

目前的科学观点认为，宇宙是在什么都没有的时候，从一个小点开始迅速膨胀而形成的。

第286页问题答案

杠杆原理

**小测验**　迅速膨胀的宇宙变得像高温的火球一样，这种现象叫什么?

287

# 地震的震级和烈度有什么不同？

地球

大地

## 表示地震的规模

地震发生时，会马上通过地震速报等形式，公布震中所在位置、震源深度，以及震级和烈度的相关数据。那么，震级和烈度究竟有什么不同呢？

首先，震级是用来表示地震规模的数据，表示的是地震所释放的能量大小。

震级增加1级，地震所释放的能量会扩大约32倍；当震级增加2级时，地震所释放的能量就会扩大约1000倍。换句话说，7级地震释放的能量可以达到5级地震的1000倍。

## 表示晃动的强度

与此同时，地震导致的晃动强度用烈度来表示。日本采用0度～7度的10个等级（常常把5度和6度进一步细分为5度弱、5度强、6度弱和6度强等级别）。

如果地震的震级较高，但震源深度较深，或者震中距离我们较远，那么我们所在地的烈度可能会较小。相反，如果震源深度较浅，那么即便是震级较小的地震，烈度也可能较高。

2011年发生的东日本大地震震级为9级，在日本历史上也属于规模较大的地震，那次地震的烈度为7，引发了极其剧烈的晃动。

烈度3

震级5　　较远

烈度4

较近　　震级4

即使是震级（地震的规模）较小的地震，如果震源较浅，其产生的烈度也可能会高于震级较高的地震

> **要点在这里！**
>
> 震级表示的是地震的规模，烈度表示的是当地的晃动程度。

**小测验**　表示当地由于地震所引发的晃动程度的指标叫什么？

生命

动物

**猛犸与大象**

松花江猛犸　体形最大的猛犸，高约5米，身长约9米

非洲象　高约3米，身长约7米

猛犸体形更大！

## 距今约1万年前灭绝了

据说，目前陆地上体形最大的动物是非洲象。但是在很久以前，地球上曾经出现过体形更大的大象的同类，那就是猛犸。

体形最大的猛犸高约5米，包括长长的牙在内，身长约9米。

据说猛犸曾经在北半球的很大范围内繁衍生息。但是，由于在距今约1万年前灭绝，现在世界上已经没有了猛犸的踪影。

关于猛犸灭绝的原因，存在几种不同的说法。其中比较有说服力的是：由于气候变化，使猛犸失去了食物，进而导致这一物种灭绝。

猛犸生活在非常寒冷的"冰河期"。当时大地上遍布着干燥的草原，猛犸就在草原上以植物为食。但当冰河期结束后，地球逐渐变暖，其他种类的植物数量增加，而猛犸能吃的食物逐渐变少，最终导致其灭绝。

## 被人类逼入绝境？

此外，还有一种说法认为是人类将猛犸逼入了绝境，导致其灭绝的。在猛犸生活的时代，当时的人类以狩猎为生。对于人类而言，猛犸是一种能够获得大量肉类的猎物，因此，人们大量猎杀猛犸，最终导致了它的灭绝。

关于猛犸灭绝的原因，还有遭遇了巨大的风暴，以及受到了新型病毒的侵害等不同的说法。

**要点在这里！**

体形最大的猛犸高约5米，身长约9米，是一种体形巨大的动物，在距今约一万年前灭绝了。

烈度

第288页问题答案

**小测验**　猛犸是在距今多久以前灭绝的？

289

# 人体内的细胞是在不断更替的！

生命
❤
人体

阅读日期（　年　月　日）（　年　月　日）（　年　月　日）

## 不断与老旧细胞进行更替

人类的身体是由多达数十兆的细胞组成的。在这些细胞中，除了大脑的神经细胞和心脏的肌肉细胞，其余的细胞都可以从一个分裂成两个，通过这种分裂产生新的细胞，将老旧的细胞替换掉。老旧细胞死亡后，会随粪便或尿液排出体外。

身体部位不同，新老细胞更替需要的时间也不一样。比如，对食物进行消化吸收的胃和肠道表面的上皮细胞，由于受到消化液等的强烈刺激，据说只能存活1天左右，然后就会被新生细胞取代。而位于皮肤表面的表皮细胞，由于受到来自太阳的紫外线等的刺激，每30天左右完成一次更替。我们在洗澡时，会从身上搓下一些污垢，里面就有大量死去的皮肤表皮细胞（→p.360）。

## 细胞不能再分裂了

随着年龄的增长，细胞的分裂能力会逐渐降低。如果不能制造出新生细胞，就只好继续使用老旧的细胞和破碎的细胞。这种老旧细胞逐渐增加的状态叫作"老化"。

另外，据说细胞也是有寿命的，只能分裂50次左右。如果所有的细胞都完成约50次分裂，人类的寿命应该是120岁。也就是说，如果完全没有生病或者受伤，从理论上来讲，人类应该能够活到120岁。

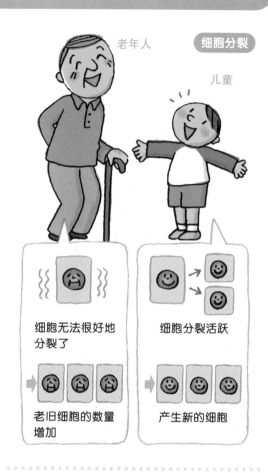

老年人
儿童
细胞分裂

细胞无法很好地分裂了

细胞分裂活跃

老旧细胞的数量增加

产生新的细胞

要点在这里！
在人体内，不断进行着老旧细胞死去，新生细胞取而代之的循环。

约二万年前
第289页问题答案

小测验　位于胃和肠道的上皮细胞每隔多少天更替一次？

## 什么是宇宙射线？

在宇宙空间中，有一种叫作"宇宙线（宇宙射线）"的高能量粒子，它们的飞行速度与光速接近。

在地球上，也存在着许多宇宙射线，它们在撞击地球上的大气的同时，大量投射到地面上。那么，宇宙射线究竟来自哪里呢？

目前的观点认为，这些宇宙射线来自在远离太阳系的地方发生的"超新星爆炸"。超新星爆炸是重量在太阳的8倍以上的星星在生命结束时所发生的现象。爆炸时，在其中心部位残留下黑洞（→p.239）等天体，星星的外层以极其剧烈的形式喷射出去。此时，位于发生爆炸的新星周围的物质积蓄了能量，变成宇宙射线飞向宇宙空间。

地球

宇宙

较重的星星死亡时引发的超新星爆炸导致宇宙射线的射出。

宇宙射线

投射到地球上的宇宙射线，由于撞击到了大气，对人体的影响已经微乎其微了。

## 宇宙射线有危险吗？

宇宙射线与放射线（→p.113）一样，能够对生物体内细胞中记录遗传基因的"DNA"（→p.95）造成伤害。

不过，生活在地球上的我们，由于厚厚的大气层保护，并没有受到来自宇宙射线的太大影响。

但是，宇宙中的宇航员由于长期暴露在宇宙射线之下，是十分危险的。尤其是未来要去探索火星等行星的时候，需要长时间生活在宇宙空间里，就必须要考虑如何减少宇航员受到的宇宙射线的辐射量。

**要点在这里！**
目前的观点认为，由于超新星爆炸，导致了宇宙射线的射出。

第291页问题答案

一天左右

# 河流冲刷出深达1600米的河谷!

地球
大地

## 1600米深的裂缝

位于美国亚利桑那州的科罗拉多大峡谷长约450千米，好像一道刻在地球上的深深的裂缝。

裂缝的最深处达1600米以上。壮丽的景色使其登上了世界遗产名录。

目前的观点认为，科罗拉多大峡谷在很久以前曾经是平坦的地面。然而，在距今约7000万年前，这里的土地隆起，变成了高原地带，进而从距今约4000万年前开始，由于科罗拉多河穿流其中，大地逐渐出现了裂痕。

## 河水的流动打造出了峡谷

科罗拉多河以每100年2厘米的速度冲刷着河流的底部，这种现象叫作"侵蚀"。

科罗拉多河逐渐侵蚀大地，变成在谷底流动的河流，峡谷也随之越来越深。这样一来，在距今约200万年前，峡谷就变成了现在我们看到的样子。

在科罗拉多大峡谷的地层（→p.267）中，镌刻着地球的历史。在这里，能够看到最浅来自距今约2.5亿年前，最深来自距今约17亿年前的地层。

而且，据说科罗拉多河河底的岩石已经有20亿年的历史了。

科罗拉多大峡谷的裂缝平均深度为1200米

科罗拉多大峡谷的形成过程

高原　　　　科罗拉多河

岩石

①从距今约4000万年前，科罗拉多河开始侵蚀地面。

**要点在这里！**
科罗拉多河的长时间侵蚀导致大地受到伤害，形成了科罗拉多大峡谷。

②河水的流动侵蚀大地，形成了深达1600米的峡谷。

**小测验**　科罗拉多大峡谷是由于河流的什么作用形成的？

# 飞蝗可以飞到相当于其 10倍身长的高度！

阅读日期（　　年　　月　　日）（　　年　　月　　日）（　　年　　月　　日）

## 飞蝗的飞行方式

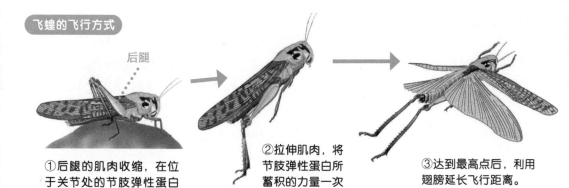

①后腿的肌肉收缩，在位于关节处的节肢弹性蛋白处蓄力。

②拉伸肌肉，将节肢弹性蛋白所蓄积的力量一次性释放出来。

③达到最高点后，利用翅膀延长飞行距离。

生命

虫类

## 后腿的肌肉和节肢弹性蛋白

你在草丛中捉到过飞蝗吗？

飞蝗能够跳到数倍于自己身高的地方，一下蹦出很远。飞蝗很容易成为鸟类和青蛙等许多动物的盘中餐，因此，当遇到可能的威胁时，它就会飞得高高的。

那么，飞蝗为什么能飞那么高呢？

飞蝗的后腿上有一个非常粗的部位，其中有较大的肌肉。

并且，在后腿的关节处，含有一种叫作"节肢弹性蛋白"的胶状物质。

飞蝗飞出去时，后腿的肌肉会收缩，将节肢弹性蛋白所蓄积的力量一次性释放出来，因此能够飞得很高。打个比方，感觉就好像把手指弯起来，弹了一下金属弹簧一样。

飞出去之后，飞蝗会将后腿伸得笔直，使其免受空气阻力。飞蝗正是凭借这种方式，能够飞到最高50厘米，也就是相当于自身10倍身长的高度。在达到最高点之后，飞蝗会利用翅膀延长飞行距离。

## 体内含有节肢弹性蛋白的动物

附着在动物身上的跳蚤，后腿的大腿根部也含有节肢弹性蛋白。据说，利用节肢弹性蛋白，跳蚤可以跳到相当于自身身长100倍的地方。在一生中要拍打翅膀超过5亿次的蜜蜂，其翅膀的根部也含有节肢弹性蛋白。

**要点在这里！**

飞蝗利用收缩后腿肌肉，将节肢弹性蛋白所蓄积的力量一次性释放出来的方式高高飞起。

第292页问题答案

侵蚀

**小测验**　飞蝗后腿关节处含有的胶状物质叫什么？

293

# 为什么有的日子看不到月亮?

地球　月球

## 月亮形状改变的原因

月亮每天都在变换着形状,有蛾眉月,半月（上弦月、下弦月）,满月,等等。这种现象叫作"月相盈亏"。

月球本身不会发光,而是靠反射太阳光来发出光芒。因此,我们能看到的月亮只是月球受到了太阳光照射的部分。太阳光没有照射到的部分位于阴影中,颜色较暗,我们无法看到。

此外,由于月球绕着地球公转,月球和地球之间的位置关系每天都在发生变化。因此,从地球上观察月亮时,能看到的太阳光照射到的部分也会随之发生变化,看起来就好像月亮的形状发生了改变。

## 虽然有时看不见,但月亮昼夜都在天上

然而,每个月几乎都有一次,虽然天空晴朗,却完全看不见月亮的时候。此时的月亮被称为"新月"。

出现新月的那一天,从地球上看,月亮与太阳位于同一个方向。此时,月球朝向地球的是没有被太阳照射的那一面。换句话说,由于完全看不到被太阳光照射的部分,我们看不见月亮。

并且,由于新月时的月亮与太阳位于同一方向,我们看到它的运动方向也与太阳相同。换句话说,在这一天,日出时月亮会与太阳同步升到天空中,日落时又会与太阳同步落下,因此,在夜空中完全看不到月亮的踪影。

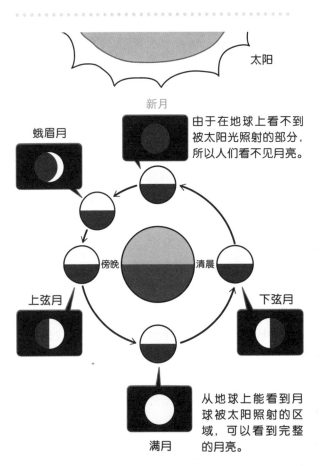

太阳

新月
由于在地球上看不到被太阳光照射的部分,所以人们看不见月亮。

蛾眉月

傍晚　清晨

上弦月

下弦月

满月
从地球上能看到月球被太阳照射的区域,可以看到完整的月亮。

**要点在这里!**
当月球处于太阳和地球之间的「新月」状态时,在地球上看不见月亮。

第293页问题答案
节肢弹性蛋白

**小测验** 月亮的形状每天逐渐变化的现象叫什么?

阅读日期( 年 月 日)( 年 月 日)( 年 月 日)

## 蓝色的光发生了散射

我们通常认为太阳光是一种单色的光。但实际上,太阳光是由红色、蓝色等各种颜色的光混合而成的。天空之所以看起来是蓝色的,是太阳光中有蓝色的光的缘故。

太阳光透过包裹着地球的大气层到达地面。此时,一部分光线与大气层中的粒子发生碰撞,在空气中发生了散射。这就是蓝色的光。

蓝色的光与空气中的粒子发生碰撞后,会向各个方向发生散射。蓝色的光会散射到天空中,因此,天空看起来是蓝色的。

但是,除了蓝色的光,其他颜色的光即使与空气中的粒子发生碰撞,也几乎不会发生散射,而是继续沿着直线传播。

物质的作用

光

**天空呈现出蓝色的原理**

蓝色的光

蓝色的光在四处散射的同时抵达我们的视线。

空气中的粒子

大气层

天空是蓝色的!

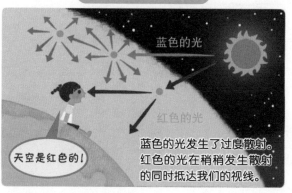

**天空呈现出红色的原理**

蓝色的光

红色的光

天空是红色的!

蓝色的光发生了过度散射。红色的光在稍稍发生散射的同时抵达我们的视线。

## 红色的光散射形成了晚霞

那么,你来想一想,为什么蓝色的天空会被红色浸染,形成美丽的晚霞呢?

傍晚时分,太阳所在的位置比白天要低。因此,太阳光线通过大气层的时间也比白天要长。

蓝色的光在长距离的传播过程中由于过度散射,最终无法抵达我们的视线。

蓝色的光消失后,会出现白天看不到的红色的光。红色的光在稍稍发生散射的同时继续沿着直线传播。这样,傍晚时分,我们就看到了红色的晚霞。

> **要点在这里!**
>
> 太阳发出的蓝色的光,与空气中的颗粒发生碰撞后,会散射到天空中,使天空呈现出蓝色。

月相盈亏

第294页问题答案

---

**小测验** 太阳光透过厚重的大气层抵达人们视线的时间变长,是在白天还是傍晚?

# 为什么尿液的颜色有时候不一样?

生命
人体

## 黄色的尿

我们每天都要尿尿,你观察过尿液的颜色吗?仔细观察一下就会发现,尿液的颜色有时深有时浅。尿液通常都是淡黄色的,这是由于尿液中含有一种叫作"尿色素"的黄色物质。

尿色素是由红血球中的血色素(→p.191)构成的。

血色素在脾和肝脏中被分解,转化成胆红素。然后,其中一部分胆红素在产生尿的肾脏里转化成尿色素。由于尿色素是黄色的,尿液也会随之变黄。

## 各种颜色的尿液

儿童体内约70%是水。为了使体内的水分含量始终保持在稳定的水平,多余的水分就会以尿的形式被排出体外。

大量摄入水分后,体内多余的水分增加,尿量也会随之增加。因此,尿色素被稀释,此时排出的尿液几乎是无色的。

与此相反,当大量出汗等原因使体内的水分含量减少时,尿色素的浓度就会变高,此时排出的尿液也会呈较深的黄色。

有时我们摄入的食物也会导致尿液变成深黄色。

当出现夹杂了血液的红色尿液时,人可能已经生病了,这时一定要告诉家长,及时就医。

通常情况下

淡黄色的尿液

**黄色是尿色素的颜色**

大量摄入水分时

几乎无色的尿液

**尿色素被稀释了**

大量出汗时

深黄色的尿液

**尿液的颜色变深**

> **要点在这里!**
>
> 有一种叫作『尿色素』的物质,其颜色能够随着体内水量的多少而变浓或变淡,因此尿液的颜色也会随之发生变化。

**小测验** 摄入大量水分后,尿液的颜色是什么颜色的?

# 太阳永远不会燃烧殆尽吗？

阅读日期（　　年　　月　　日）（　　年　　月　　日）（　　年　　月　　日）

氦

氢

①中心部位一旦形成氦核，中心的温度就会上升，太阳也会随之膨胀。

红巨星

②膨胀起来的太阳被称为"红巨星"，会吞噬周围的行星。

白矮星

③位于太阳表层的气体向宇宙空间扩散，其中心部分变成小小的、白色的"白矮星"。

## 太阳也会变得燃料不足吗？

太阳是一个巨大的"氢"集合体，以氢为燃料，发出耀眼的光芒。然而，在很长的一段时间里，太阳内部的氢逐渐减少，由氢聚变而产生的"氦"在逐渐增加。

在太阳的中心部位，一旦形成能够产生能量的氦核，其中心部位的温度就会上升，太阳就会因此而膨胀。膨胀出来的部分表面温度会降低，使得太阳的颜色变成红色。

这种巨大的红色行星被称为"红巨星"。

## 上了年纪的太阳什么样？

有观点认为，太阳将在50亿年后变成红巨星，外围膨胀到几乎贴近目前地球公转轨道的大小。

太阳一旦变成红巨星，水星和金星恐怕就会被太阳吞噬。但是，太阳在释放气体的同时，自身也会变轻，使引力变小，地球的公转轨道也会随之向外推移，因此，地球应该不会被吞噬。同时，太阳表面的气体会逐渐向宇宙空间扩散，然后，太阳的中心部位会变成一颗闪耀着白色光芒的小星星，这种星星被称作"白矮星"。

白矮星自身不能产生能量，因此会逐渐冷却，最终变暗。可以说，这就是太阳最后的归宿。

地球

太阳

**要点在这里！**

有观点认为，太阳将在50亿年后变成红巨星，吞噬周围的行星后，再变成白矮星，最终冷却变暗。

第296页问题答案

几乎无色

**小测验**　膨胀后表面温度降低，变成红色的行星叫什么？

# 太阳系可能存在第九大行星！

地球

太阳系

## 太阳系的第九颗行星

太阳系是由太阳和围绕太阳运动的"行星"等天体共同组成的。在太阳系的行星之中，按照与太阳的距离排序，由近及远分别是：水星、金星、地球、火星、木星、土星、天王星和海王星，总共有8颗。虽然目前尚不明确太阳系的边缘究竟在哪里，但大致将其范围划定为"太阳的影响范围"。

距离太阳最远的行星是海王星，它与太阳至今的距离约为45亿千米。在距离太阳75亿千米的更远处，有一个像带子一样的天体集合处，我们称其为"柯伊伯小行星带"。科学家们对柯伊伯小行星带中若干天体的运行轨道进行研究后发现，太阳系有可能存在第9颗行星。

## 新行星是什么样的？

根据目前的研究成果，科学家认为，第9颗行星的质量（重量）约为地球的10倍，半径约为地球的3倍多，大小介于地球和海王星之间，是一颗由气体聚集而成的行星。据说，它距离太阳非常远，是海王星与太阳之间距离的20倍，绕太阳一周所需的时间是1~2万年。

由于第9颗行星距离太阳太过遥远，围绕太阳运行的轨迹也太大，寻找它的具体位置非常困难。并且，它的具体形态也尚未得到确认。即便真的存在第9颗行星，也不知道具体什么时候才能真正发现它。

**要点在这里！**

第9颗行星与太阳之间的距离是海王星与太阳之间距离的20倍。

虽然对柯伊伯小行星带中若干天体的运行轨道进行研究的结果表明，太阳系有可能存在第9颗行星，但目前还没有人真正见到过它。

太阳

水星　金星　地球　火星　木星　土星　天王星　海王星

红巨星
第297页问题答案

**小测验**　目前人们所知的太阳系的8颗行星分别是什么？

生命
♥
动物

### 平常状态下的水熊虫

有8条（4对）短腿，慢慢行走的样子很像熊，遍布全球。

····· 短腿

### 干燥状态下的水熊虫

我在宇宙中也能生存！

在周围环境失去水分时，水熊虫会进入干燥状态，缩成圆桶形自动脱水。

**要点在这里！**

处于隐生状态的水熊虫，在没有空气的宇宙空间里也能生存。

## 像熊一样慢慢行走

地球上的绝大多数生物离开空气都无法继续生存。这是因为空气中所含有的氧气能够与生物体内的营养元素结合，产生能量（→p.382）。但实际上，世界上存在着在没有空气的环境下也能生存的生物——水熊虫。

水熊虫属于"缓步动物"。在地球上，存在着1000多种缓步动物，它们的身长仅有0.05～1.5毫米。水熊虫有8条短腿，缓慢行走的样子像熊，因此被称为水熊虫。

水熊虫的分布范围很广，从南、北极这样的寒冷地带到赤道附近的炎热地带，从高山到深海，都能看到它们的身影。在我们身边，比如青苔里，就住着水熊虫。

## 变成干燥的状态

在周围环境失去水分时，水熊虫就会缩成圆桶形自动脱水，进入"隐生"状态。这样一来，水熊虫就进入了近似于死亡的状态，无论在什么样的环境中都能生存下去。

无论是150℃的高温，还是−200℃的低温，甚至在没有空气的宇宙空间里，水熊虫都能生存下去。虽然宇宙中到处存在着强烈的"射线"（→p.113），但水熊虫依然能够抵御侵害。处于"隐生"状态的水熊虫，在获得水分后，还能重新开始活动。

第298页问题答案

水星、金星、地球、火星、木星、土星、天王星和海王星

# 温度是有下限的!

物质的作用

热

## 最低的绝对零度

在表示比零度更低的温度时，我们会在前面加上"负（－）"的字样。然后，像–1℃、–2℃这样，所表示的温度逐渐降低。但是，温度并不是可以无限下降的。有一个被称为"绝对零度"的概念，表示的就是最低温度。

我们平时使用的温度单位是"摄氏温度（℃）"，在摄氏温度下，–273.15℃就是绝对零度。

此外，如果用"绝对温度（K）"来表示，绝对零度则会被表达成0K。绝对温度是基于构成物质的"分子"和"原子"等粒子（→p.76）的运动而产生的单位。

分子和原子一直处于不断的运动中。运动越剧烈则温度越高，运动越缓慢则温度越低。一旦分子和原子停止运动，温度就会变成0K。

此外，虽然温度可以接近绝对零度，但实际上并不能真正达到绝对零度。

## 最高的温度

既然有绝对零度这个最低温度，那么世界上存在最高温度吗?

目前的观点认为，温度是没有上限的。

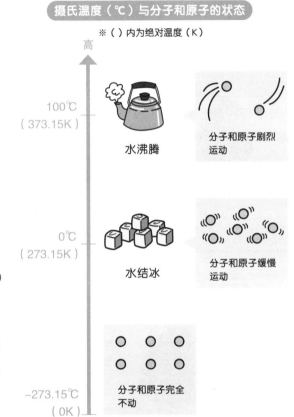

摄氏温度（℃）与分子和原子的状态

※（）内为绝对温度（K）

高

100℃
（373.15K）
水沸腾
分子和原子剧烈运动

0℃
（273.15K）
水结冰
分子和原子缓慢运动

–273.15℃
（0K）
分子和原子完全不动

### 要点在这里！

虽然存在被称为『绝对零度』的最低温度，但目前的观点认为，温度是没有上限的。

第299页问题答案

隐生

小测验　如果用摄氏温度来表示，绝对零度是多少摄氏度?

# 台风是从哪里来的？

阅读日期（　　年　　月　　日）（　　年　　月　　日）（　　年　　月　　日）

地球
气象

## 台风的形成过程

①在赤道附近的温暖海域，形成了作为台风根源的积雨云。

变大！

②积雨云在逆时针转动的同时吸收水蒸气，不断成长，最终成为台风。

走吧，去日本喽！

③台风中，向上的气流形成旋涡；其中心部位没有云，而是形成了台风眼。

## 产生台风的地方

在日本，每年的夏、秋季节都会有台风。那么，台风究竟是从哪里来的呢？

台风产生于将地球分为南北两个半球的交界线——赤道附近的海面上。这里的日照强烈，被晒热的海水会不断变成水蒸气。

水蒸气飘到上空，最终会变成一种叫作"积雨云"的巨大的云。

积雨云不断吸收水蒸气，不断变大。而水蒸气变成云时，会释放出热量，持续强化积雨云中向上的气流。当积雨云中心附近的最大风力（10分钟内的平均值）达到每秒约17米时，就被称为"台风"。此外，台风中的强风在不断旋转的过程中会逐渐受到来自外侧的牵引。这样一来，台风的中心部位就会形成一个洞。人们将这个洞称为"台风眼"。

## 偏西风与信风的移动

要点在这里！

台风形成于赤道附近的海域，在偏西风和信风的作用下来到日本。

在地球周围，有"偏西风"和"信风"这样巨大的带状的风。偏西风是从西边吹来的风，而信风则是来自东边的风。据说，产生于赤道附近的台风，首先在信风的作用下向西北方向移动，然后在偏西风的作用下向东北方向移动，逐渐接近日本。

第300页问题答案 －273.15℃

# 土壤是由什么构成的？

物体的性质
物体的构造

## 基本来源是岩石的颗粒

种植蔬菜和花卉不可缺少的土壤，在太阳系中，是只有地球上才有的东西。在很久以前，地球的表面只有坚硬的岩石。这些岩石在风、雨等自然力的作用下，经历了漫长的岁月，逐渐被侵蚀、破碎，形成了沙砾和沙土。当时，陆地上还没有生物。

## 生物的力量使岩石变成了土！

距今约5亿年前，植物的同类第一次来到陆地上。这些像青苔一样的小型植物在岩石的缝隙里扎下了根。

植物不断生长和枯萎，如此循环往复，枯萎的植物会慢慢结成块。这些块状物在微生物的作用下被分解，变成养分，然后与沙砾等混合在一起，就成了土壤。

养分一旦增加，就会长出大型植物。最后，动物也来了。当植物枯萎、动物死去，它们也会被分解，变成养分。这样经过漫长的岁月，就形成了土壤，土层的厚度也增加了。

土壤的颜色因含有的岩石成分和铁的成分等不同而产生差异。这就导致不同地方的土壤颜色也不相同。黑色土壤中含有较多腐烂植物所产生的成分，养分含量较高。

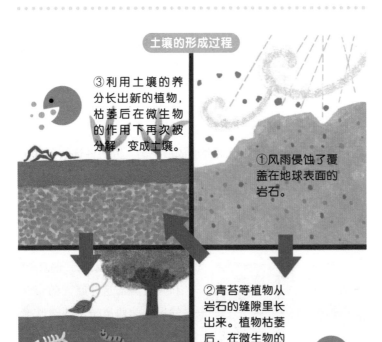

### 土壤的形成过程

③利用土壤的养分长出新的植物，枯萎后在微生物的作用下再次被分解，变成土壤。

①风雨侵蚀了覆盖在地球表面的岩石。

②青苔等植物从岩石的缝隙里长出来。植物枯萎后，在微生物的作用下被分解，变成土壤。

④大型植物的枯叶和动物的粪便及遗骸在微生物的作用下被分解，土壤的面积逐渐扩大。

约17米

第301页问题答案

> **要点在这里！**
> 土壤是由岩石颗粒、植物以及动物被分解后形成的。

**小测验** 枯萎后的植物和动物的遗骸在什么的作用下变成了养分？

阅读日期（ 年 月 日）（ 年 月 日）（ 年 月 日）

### 看起来明亮的原因

金星是看起来明亮程度仅次于太阳和月亮的行星。金星之所以看起来如此明亮，原因之一就是：它是距离地球最近的行星。

此外，虽然金星与月球一样，是靠反射太阳光而发光的天体，但与其他天体相比，金星具有能够更多地反射太阳光的特点。这是

覆盖着金星的厚厚的云层反射了绝大部分太阳光的缘故。

### 启明星、长庚星

金星是如此明亮耀眼，我们却无法在深夜里看到它。

这是因为与地球相比，金星围绕太阳运行的轨道距离太阳更近。从地球上看，金星永远处在与太阳相同的方向，因此，只有白天才能看到金星。也正因为如此，在天空微暗的拂晓时分和傍晚才能清楚地看见它（有时在白天也能看到）。由此，金星也被称为"启明星"或"长庚星"。

金星是略小于地球的行星，被称为地球的双胞胎。

但是，在金星的大气中，约95%是二氧化碳（地球大气中的二氧化碳含量为0.04%），在距离地表高度50～70千米处，覆盖着厚厚的云层。由于二氧化碳具有保持太阳光的热量，使其不散发出去的特点（→p.259），据说金星表面的温度约为70℃，与地球上的环境截然不同。

地球
太阳系

---

**观测金星的方法**

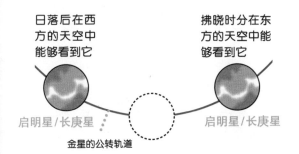

日落后在西方的天空中能够看到它

拂晓时分在东方的天空中能够看到它

启明星/长庚星
启明星/长庚星

金星的公转轨道

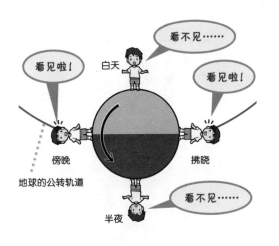

看不见……
看见啦！
白天
看见啦！
傍晚
拂晓
地球的公转轨道
看不见……
半夜

---

要点在这里！

太阳系的行星中，最耀眼的金星被称为「启明星」或「长庚星」，通常在拂晓时分和傍晚才能看到它。

微生物

第302页问题答案

---

**小测验** 　金星之所以能够发出耀眼的光芒，是因为什么很好地反射了太阳光？

# 住在洞窟里的神奇生物！

生命
♥
动物

## 没有眼睛的鲵

在欧洲有一座山，山下有流淌着冷水的洞窟，里面栖息着洞螈。

洞螈是鲵的一种。但是，由于洞螈一生都生活在昏暗的环境中，有着普通的鲵不具备的特点。

首先，洞螈没有眼睛，这是在昏暗的环境中不需要用眼睛的缘故。并且，洞螈的身体是纯白色的，上面连花纹都没有。这是它不需要在强烈的阳光下利用颜色保护自己的缘故。

洞螈是世界上发现的第一种生活在洞窟之中的生物。但是，由于其身体细长，前后肢都很短，以前人们曾坚信它是龙的幼子。

## 居住在洞窟里的生物

世界上有许多栖息在洞窟里的生物。其中大多数和洞螈一样，眼睛退化或消失了，构成身体颜色的色素也变得十分稀少，其中一些昆虫的腿和触角也都变得很长。

此外，为了在缺少食物和氧气的洞窟中生存下去，它们的能量转换节奏很慢，寿命也很长。有些洞螈寿命可达100年以上。

实际上，现在生活在洞窟里的动物，原本是生活在洞窟之外的。据说，随着当时气候由寒冷转向温暖，空气变得干燥，它们就移居到了气温较低、湿度较高的洞窟里。

洞窟里的生物

身体内的色素稀薄，通体纯白，但是一旦到洞窟外生活，就会变成黑色。

没有眼睛。幼年时虽然有眼睛，但随着身体发育，眼睛会逐渐消失。

洞螈

乔氏丽脂鲤
（盲鱼）

跳虫

蕈蚊

### 要点在这里！

居住在洞窟里的生物，眼睛逐渐退化或消失，身体内的色素也变得稀薄了。

厚厚的云层
第303页问题答案

小测验　　人们曾经坚信洞螈是什么的幼子？

# 哈欠是如何产生的？

生命

人体

**张大嘴巴**

大脑

面部肌肉活动，大脑受到刺激而变得活跃起来。

刺激

**拉伸身体**

大脑

同样，身体的肌肉活动也会刺激大脑。

刺激

## 向脑部输送氧

人们在感觉困或者无聊的时候，会自然而然地打哈欠。这究竟是为什么呢？

长期以来有种说法认为，人体通过打哈欠大量吸入空气，向脑部输送氧。因为犯困时，呼吸会变慢，导致供氧不足。如果通过打哈欠输送了氧，大脑就会重新活跃起来。

然而，最近有研究表明，打哈欠时进入体内的氧的量与平时并没有太大差别。因此，目前的研究认为，人之所以会打哈欠，还存在其他的原因。

其中一种观点认为，打哈欠是为了活动肌肉。打哈欠时，嘴会张得很大，同时会拉伸身体，使面部和身体的肌肉得到活动。这样一来，大脑受到了刺激，就会变得活跃起来。

还有观点认为，在紧张时打哈欠，可以缓解肌肉的紧张，使大脑动起来。

## 打哈欠为什么会"传染"

有时，周围的人打哈欠，自己也会被"传染"，不由自主地跟着打起哈欠来。

关于这种现象，有若干种解释。最常见的一种是：人体会与打哈欠的人产生共情。

尤其是当亲戚、朋友等较为亲近的人打哈欠时，自己很容易考虑到对方的感受，从而产生共情。所以，打哈欠就会"传染"啦！

**要点在这里！**

据说，打哈欠时把嘴张大，肌肉的活动会让大脑活跃起来，这就是人们打哈欠的原因。

龙 第304页问题答案

**小测验**　打哈欠时把嘴张大，面部和身体的什么地方会活动起来？

# 动物的近亲

地球上生活着各种各样的动物。它们都有什么样的近亲，彼此之间又存在什么样的区别呢？

　　根据是否有脊柱，可以将动物分为"脊椎动物"和"无脊椎动物"。其中狮子、鸡、乌龟、青蛙、鱼等属于脊椎动物。飞蝗、蝴蝶等昆虫，以及菲律宾帘蛤、蚯蚓等属于无脊椎动物。脊椎动物可以分为以下五类。

## 哺乳类

指的是像狮子、长颈鹿这样，会生下小宝宝的动物。人类也包含在哺乳类中。哺乳类动物的体温不会随周围环境发生变化，身上长有毛发，用肺呼吸（→p.382）。

**这些也属于哺乳类！**

生活在海里的鲸也属于哺乳类动物。海豚是鲸的一种，也包含在哺乳类中（→p.91）。

## 鸟类

产下带壳的卵。与哺乳类一样，体温不会随周围环境发生变化，身上覆盖着羽毛，用肺呼吸。

## 爬行类

指的是像乌龟、蛇、蜥蜴这类，产下带壳的卵的动物。它们的体温会随周围环境的温度而发生变化（→p.84），身体被鳞片覆盖，用肺呼吸。

**这些也属于爬行类！**

生活在远古时代的恐龙也属于爬行类。据说鸟类是恐龙的后代（→p.365）。

## 两栖类

指的是像青蛙这种产下不带壳的卵的动物。它们的体温随周围的温度发生变化。幼年时生活在水中，用"鳃"呼吸（→p.56），长大后来到陆地上，用肺和皮肤呼吸。

**这些也属于两栖类！**

很容易与壁虎混淆的蝾螈也属于两栖类。但壁虎却属于爬行类（→p.129）。

## 鱼类

生活在水中，产下不带壳的卵，身上覆盖着鳞片，用鳃呼吸。体温随周围环境的温度而变化。

*本书对内容进行"分类"时，将哺乳类、爬行类、两栖类等归为"动物"类，将鸟类归为"鸟类"，将鱼类归为"鱼类"，将昆虫和蜘蛛等节肢动物归为"虫类"。

# 人体内的各种内脏器官

在我们体内，有很多"内脏器官"，它们发挥着各自不同的作用，使我们能够健康地生存下去。

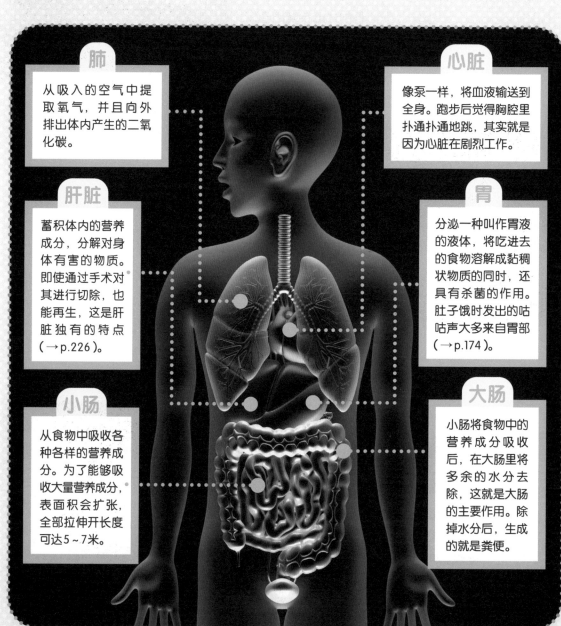

**肺**
从吸入的空气中提取氧气，并且向外排出体内产生的二氧化碳。

**心脏**
像泵一样，将血液输送到全身。跑步后觉得胸腔里扑通扑通地跳，其实就是因为心脏在剧烈工作。

**肝脏**
蓄积体内的营养成分，分解对身体有害的物质。即使通过手术对其进行切除，也能再生，这是肝脏独有的特点（→p.226）。

**胃**
分泌一种叫作胃液的液体，将吃进去的食物溶解成黏稠状物质的同时，还具有杀菌的作用。肚子饿时发出的咕咕声大多来自胃部（→p.174）。

**小肠**
从食物中吸收各种各样的营养成分。为了能够吸收大量营养成分，表面积会扩张，全部拉伸开长度可达5～7米。

**大肠**
小肠将食物中的营养成分吸收后，在大肠里将多余的水分去除，这就是大肠的主要作用。除掉水分后，生成的就是粪便。